◀ 海南省外来生物入侵系列丛书 ▶

海南省外来入侵物种识别与防治

（植物病原生物卷）

胡美姣　李　敏　主编

 中国农业科学技术出版社

图书在版编目（CIP）数据

海南省外来入侵物种识别与防治. 植物病原生物卷 / 胡美姣，李敏主编. --北京：中国农业科学技术出版社，2022. 11
ISBN 978-7-5116-5974-3

Ⅰ. ①海… Ⅱ. ①胡… ②李… Ⅲ. ①外来种—侵入种—防治—研究—海南 Ⅳ. ①Q16

中国版本图书馆CIP数据核字（2022）第 198386 号

责任编辑 姚　欢
责任校对 李向荣
责任印制 姜义伟　王思文

出 版 者 中国农业科学技术出版社
　　　　　北京市中关村南大街 12 号　　邮编：100081
电　　话 （010）82106631（编辑室）　（010）82109702（发行部）
　　　　　（010）82109709（读者服务部）
网　　址 https: // castp.caas.cn
经 销 者 各地新华书店
印 刷 者 北京科信印刷有限公司
开　　本 170 mm × 240 mm　1/16
印　　张 7.5
字　　数 120 千字
版　　次 2022 年 11 月第 1 版　　2022 年 11 月第 1 次印刷
定　　价 50.00 元

主编简介

胡美姣，博士，研究员，主要从事热带植物病害研究。中国热带农业科学院学术委员会委员，农业农村部热带作物有害生物综合治理重点实验室副主任。近年来主持（参与）国家自然科学基金、国家重点研发计划等项目10余项。在*Plant Disease*、*Postharvest Biology and Technology*、《植物病理学报》等学术期刊上发表学术论文60余篇，其中SCI收录论文16篇，主编专著3部，副主编1部，授权发明专利2项；以第一完成人获海南省科技进步奖二等奖1项、三等奖1项，制定行业标准1项、地方标准1项；以其他完成人获省部级奖励4项，制定行业标准1项。获海南省首批“南海名家”、海南省高层次“领军人才”等荣誉称号。

李敏，硕士，副研究员，主要从事热带植物病害研究。近年来主持（参与）国家自然科学基金等项目10余项。在*Plant Disease*、*Crop Protection*、《热带作物学报》等学术期刊上发表学术论文40余篇，其中SCI收录论文13篇，主编专著3部，获省部级奖励3项，制定行业标准和地方标准各1项；授权发明专利和实用新型专利6项。获海南省高层次“其他类高层次人才”等荣誉称号。

海南省外来入侵物种识别与防治

（植物病原生物卷）

编者名单

主　　编　胡美姣（中国热带农业科学院环境与植物保护研究所）

　　　　　　李　敏（中国热带农业科学院环境与植物保护研究所）

副 主 编　龙海波（中国热带农业科学院环境与植物保护研究所）

　　　　　　杨腊英（中国热带农业科学院环境与植物保护研究所）

　　　　　　蔡汇丰（海南省农业生态与资源保护总站）

　　　　　　庄　令（文昌市农业技术研究推广服务中心）

编　　委　车海彦（中国热带农业科学院环境与植物保护研究所）

　　　　　　孙进华（中国热带农业科学院环境与植物保护研究所）

　　　　　　冯推紫（中国热带农业科学院环境与植物保护研究所）

　　　　　　张　贺（中国热带农业科学院环境与植物保护研究所）

　　　　　　周　游（中国热带农业科学院环境与植物保护研究所）

　　　　　　桑利伟（东方市农业农村局）

　　　　　　严婉荣（海南省农业科学院植物保护研究所）

　　　　　　王　曙（琼中黎族苗族自治县农业技术研究推广服务中心）

　　　　　　陈增菊（昌江黎族自治县农业技术推广服务中心）

海南省外来入侵物种识别与防治
（植物病原生物卷）

项目资助

1 农业农村部专项“农业外来入侵物种发生危害及扩散风险等调查”（13220151）

2 农业农村部专项“重大外来入侵物种重点调查点位踏查布设及质量控制”（13210375）

3 农业农村部专项“外来入侵物种普查试点技术支撑服务”（13200442）

4 农业农村部专项“热带亚热带地区外来入侵物种信息收集”（13200434）

5 农业农村部专项“外来入侵生物调查监测、风险评估与防控技术集成服务（防控信息与科普宣传）”（13200283）

6 海南省外来入侵物种普查项目（文昌市、东方市、琼中黎族苗族自治县和昌江黎族自治县）

7 海南省高层次人才项目“基于农业和生态安全的海南岛外来入侵物种管控策略研究”（721RC631）

内容简介

随着海南自贸港建设的推进，如何防范外来入侵物种的为害，保障农林牧渔业可持续发展，保护海岛的生物多样性，是当前外来入侵物种防控科技支撑面临的重大挑战。《海南省外来入侵物种识别与防治（植物病原生物卷）》共分5章32节，第一章病毒界，第二章细菌界，第三章藻物界，第四章真菌界，第五章动物界（线虫门），分别介绍了木尔坦棉花曲叶病毒等32种植物病原生物的学名、分类地位、寄主、引起的病害典型症状和该病害的防治方法。编者希望通过介绍主要外来入侵植物病原生物的识别与防治方法，为海南省入侵植物病原生物的识别与防治提供技术支撑。

由于编者水平有限，书中难免出现疏漏和表述不妥之处，恳请读者批评指正，以期将来补充、修正。

目 录

第一章

病 毒 界

第一节 木尔坦棉花曲叶病毒

【学名】 木尔坦棉花曲叶病毒（*Cotton leaf curl Multan virus*，CLCuMuV）。

【分类地位】

单链DNA病毒域（*Monodnaviria*）

环状Rep编码单链DNA病毒门（*Cressdnaviricota*）

Rep编码单链病毒纲（*Repensiviricetes*）

双生植物真菌病毒目（*Geplafuvirales*）

双生病毒科（*Geminiviridae*）

菜豆金色花叶病毒属（*Begomovirus*）

【寄主】 锦葵科植物如朱槿、棉花、垂花悬铃花、红麻、黄秋葵、玫瑰茄，以及西番莲、辣椒和菠菜等。

【病害典型症状】 该病毒引起木尔坦棉花曲叶病毒病，该病害的典型症状是植株叶片向上卷曲、叶脉颜色加深、叶背面叶脉肿大和耳突增生，形成杯状侧叶（也称“叶耳”），植株矮化。棉花患病导致棉纤维低产，棉铃少结或不结，可造成严重减产，甚至绝收；朱槿感病后，叶片向上卷曲、叶脉肿大明显、产生叶耳、开花少或不开花等症状；植株长势衰弱，后期叶片黄化，最终枯死；病毒侵染垂花悬铃花，表现为叶片向上卷曲，叶脉肿大，叶脉变深绿色等症状；黄秋葵受害后，表现为植株矮化，叶片向上或向下卷曲、叶背面叶脉呈网状突起，对着光可见其叶支脉呈墨绿色或存在墨绿色的线条，病株后期，叶片从边缘开始逐步褪绿黄化，叶正面的叶脉黄化明显、背面叶脉肿大（图1-1）。

A. 整株症状；B–C. 叶片向上卷曲；D–E. 叶脉变粗，长叶耳

图1–1　木尔坦棉花曲叶病毒病为害朱槿的症状

【防治方法】

1. 加强检疫

防治该病的根本途径就是使用无病种苗。

加强检疫，严禁从病区调运种子和苗木。一旦发现带病的种子、苗木、接穗等材料调入，要依法就地烧毁。

2. 科学管理

选育与种植抗病品种，嫁接时必须确保是不带病毒的砧木和接穗。

加强栽培管理，做好田间清洁卫生，尽快处理田间杂草、残枝落叶，及时拔除初侵染病株，销毁病株残体。在农事操作中尽量避免病毒经器械等传播。

3. 化学防治

使用高效氯氟氰菊酯和阿维菌素防治朱槿等植物上的靶标生物烟粉虱，可有效预防该病毒病的传播和为害。

第二节 番茄黄化曲叶病毒

【学名】番茄黄化曲叶病毒（*Tomato yellow leaf curl virus*，TYLCV）。

【分类地位】

单链DNA病毒域（*Monodnaviria*）

环状Rep编码单链DNA病毒门（*Cressdnaviricota*）

Rep编码单链病毒纲（*Repensiviricetes*）

双生植物真菌病毒目（*Geplafuvirales*）

双生病毒科（*Geminiviridae*）

菜豆金色花叶病毒属（*Begomovirus*）

【寄主】主要是番茄，其他寄主包括甜椒、辣椒、刺茄、烟草、酸浆、龙葵等茄科植物，还侵染为害菜豆、棉花、南瓜、洋桔梗、黄秋葵、曼陀罗、番木瓜、赛葵、扶桑、胜红蓟、假马鞭、长蒴母草、金腰箭、矮牵牛、荨麻、拟南芥、百日草、苋菜、苘麻等植物。

【病害典型症状】该病毒引起的番茄黄化曲叶病毒病，是一种灾难性病害，导致番茄产量大幅下降，有时产量损失达100%，严重影响番茄产业的发展。

番茄植株受番茄黄化曲叶病毒侵染后不立即表现症状，一般7～10天后症状才逐渐显现，表现为植株生长缓慢甚至停滞，植株节间缩短，叶片变小、变厚、脆硬、有褶皱、向上卷曲，叶片边缘至叶脉区域黄化，花数变少，开花推迟至不能正常开花，或开花后坐果困难，坐果少，果实变小畸形、僵化或膨大速度慢，着色不均或转色困难。不同生长期的发病症状不同（图1-2）。

苗期感病，染病毒植株比正常植株矮，节间较短，生长缓慢甚至会出现停止生长的现象，植株顶部叶片大多泛黄，叶片较小，且叶边稍上卷，叶片增厚变硬，叶脉呈紫色，即使可生长至植株成熟，也不能正常开花结果。

成株感病，下部老叶发病症状不明显，新生叶片呈现不均匀黄绿斑痕，叶片凹凸不平、褶皱缩小、形状不正，植株的顶端嫩芽少绿泛黄。

果实感病，果实小或畸形，僵化或膨大速度慢，不能正常转色，口感大幅下降，产量大幅下降，失去商品价值。

图1-2　番茄黄化曲叶病毒病症状

【防治方法】番茄黄化曲叶病毒病的防治应遵循“预防为主、综合防治”的植保工作方针，重点做好选用抗病品种、定植无毒壮苗、防治传毒介体烟粉虱等工作。在生产上坚持“以农业防治为基础，优先采用物理防治与生物防治，科学合理应用化学防治”的综合防治措施。

1. 选种抗病或耐病的优质品种

选择种植抗病、耐病的优质品种是预防该病毒病的主要措施，目前生产上可选择的大果型品种有金鹏1828、金鹏8号、金鹏秋盛、瑞星大宝、瑞星5号、罗拉、长丰10号、红贝贝、红曼、苏红9号、苏粉15号、浙粉702、浙杂502、德贝利、迪芬尼、齐达利，樱桃番茄品种有抗TY千禧、圣桃3号、美红、黄仙女、粉秀、北京樱桃、京丹1号、艳妃202、丽妃2号、粉樱、西大樱粉1号等，生产上在选择品种时应根据种植区域病毒病发生情况，以及结合当地的气候环境，充分考虑产量、商品性、市场需求和消费习惯等多种因素进行选择种植。

2. 培育优质壮苗

播种前对番茄种子进行彻底消毒，育苗床远离生产田，苗床土使用未种植过茄科类或者葫芦科类作物的土壤。同时，对育苗基质和苗床土进行全面消毒。育苗前彻底清除育苗棚内外的杂草和残留植株，并封闭大棚熏蒸杀灭残留虫源。育苗期间发现患病幼苗及时将其拔除，施用生石灰对育苗穴进行消毒。种苗必须从有资质的正规生产厂家购买。

3. 加强田间管理、减少病毒侵染机会

番茄苗定植后，及时加强肥水管理，增施钾肥和有机肥，促进植株生长健壮，增强植株抗病能力；在发病初期，喷施宁南霉素、混脂·硫酸铜等病毒抑制剂和芸薹素内酯、赤·吲乙·芸薹、寡糖素等营养剂，控制病毒繁殖和传播，促进植株健壮成长；在番茄整枝、打杈和摘果过程中，要先处理健康植株，后处理感病植株，注意工具要进行严格的消毒处理，避免人为传播病毒；若结果后发病，可以将生长点及病叶全部摘除，保证植株下部的所有果实可以正常转色。

4. 防治烟粉虱

采用物理防治、生物防治或化学防治等方法防治烟粉虱。设置隔离网防虫，棚室大棚可采用40～60目防虫网，严防粉虱侵入；利用黄板诱杀烟粉虱成虫，每亩悬挂50～60块，置于行间，悬挂高度高于植株20厘米左右；可利用烟粉虱捕食性天敌（如小黑瓢虫）或寄生性天敌（如丽蚜小蜂）减少烟粉虱数量；化学防治可选用阿维菌素、啶虫脒、噻嗪酮、吡虫啉等杀虫剂，并轮换交替使用，以免使烟粉虱产生抗药性，在傍晚或早晨光照弱的时期，对叶片正反面均喷洒药液，5～7天喷施1次，连续3～5次。

总之，番茄黄化曲叶病毒病的防治，遵循"预防为主、综合防控"的植保方针，坚持时间调控、空间调控、行为调控、寄主调控、生态调控等绿色防控措施为主，兼顾市场消费需求和生产者的经济效益，建立选（选用抗病品种）、调（调整定植期）、阻（防虫网阻隔烟粉虱迁入）、诱（黄板诱杀烟粉虱）、遮（遮阳栽培）、避（叶面喷施烟粉虱驱避剂）六字防控新思路。对没有发生番茄黄化曲叶病毒病的地区采取强化种苗调运管理，避免人为传播，控制其蔓延为害。

第三节　香蕉束顶病毒

【学名】香蕉束顶病毒（*Banana bunchy top virus*，BBTV）。

【分类地位】

单链DNA病毒域（*Monodnaviria*）

环状Rep编码单链DNA病毒门（*Cressdnaviricota*）

精氨酸指纹病毒纲（*Arfiviricetes*）

多分体基因病毒目（*Mulpavirales*）

矮缩病毒科（*Nanoviridae*）

香蕉顶束病毒属（*Babuvirus*）

【寄主】香蕉。

【病害典型症状】由香蕉束顶病毒引起的香蕉束顶病毒病是香蕉产业中的一种重要病毒性病害。该病在非洲、亚洲、大洋洲-太平洋等区域的香蕉种植区均有发生，造成严重为害，并且不断向未发生病害地区蔓延。

香蕉束顶病毒病是一种系统性感染病害，在香蕉整个生长季节均可发生。苗期染病，植株表现为严重矮化，新抽的叶片束状丛生，叶脉上首先出现深绿色点线状的“青筋”，叶片变短变窄，叶缘变薄并逐渐褪绿、皱缩、黄化、叶质脆硬；营养生长期的植株感病，新抽嫩叶初呈黄白色，后逐渐变暗至暗绿色条纹，并向主脉扩展，假茎上也出现深绿色点线状的“青筋”；整个植株很难抽穗扬花；孕穗初期染病，病株呈花叶状，穗轴不下弯，香蕉停止生长；孕穗后期染病，新抽嫩叶失绿、易脆，抽穗停滞；孕穗后期染病，香蕉同样停滞生长，病株根系生长不良或烂根，假茎基部微紫红色，解剖假茎可见褐色条纹，外层鞘皮随叶子干枯变褐或焦枯，少数晚期受害的则果形变细、果味变淡，失去商品价值（图1-3）。

A. 苗期症状；B. 营养生长期症状

图1-3 香蕉束顶病毒病症状（谢艺贤 提供）

【防治方法】

1. 农业防治

（1）建立无病苗圃，种植无病蕉苗。对无病区或新植蕉园，要把好香蕉种苗关，种植不带毒的香蕉组培苗是防治香蕉束顶病毒病的最有效措施，加强种苗的监测和检测，保证生产无毒香蕉组培苗。新植蕉区禁止从病区引种吸芽苗；新植蕉园禁止从病蕉园调苗种植。

（2）挖除病株，减少传染源。一旦发现感病蕉株，可先用除草剂（如草甘膦）杀死病株后再挖除，并把地下部的球茎挖干净，集中烧毁，防止长出新的吸芽苗；病穴再撒施石灰消毒，控制传染。

（3）加强田间管理。合理轮作，采用合适的种植方式和种植密度；加强肥水管理，施足基肥，适时追肥，氮、磷、钾配合，增强植株的抗病能力；新植蕉园应远离发病严重的老蕉园；香蕉束顶病毒病发病率在30%以上的蕉园，在处理病株后应改种其他作物或种植较抗病的大蕉、粉蕉等品种。

2. 化学防治

在清园时如发现蚜虫为害，要及时喷药杀死蚜虫，并铲除蕉园附近蚜虫的寄主植物；在农事管理中要注意检查，一旦发现有蚜虫为害，应及时喷药杀灭。

可选用下列杀虫剂防治：氟啶虫胺腈、苦参碱、吡虫啉、双丙环虫酯、氯氟·吡虫啉、螺虫·噻虫啉、鱼藤酮等。喷药时，均匀喷洒至叶片的正、背面，每隔7～10天喷1次，连续2～3次，不同杀虫剂交替使用。

第四节 番茄斑萎病毒

【学名】番茄斑委病毒（*Tomato spotted wilt virus*，TSWV）。

【分类地位】

RNA病毒域（*Riboviria*）

负链RNA病毒门（*Negarnaviricota*）

艾略特病毒纲（*Ellioviricetes*）

布尼亚病毒目（*Bunyavirales*）

番茄斑萎病毒科（*Tospoviridae*）

正番茄斑萎病毒属（*Orthotospovirus*）

【寄主】寄主非常广泛，茄科、豆科、菊科、葫芦科、苋科等84科1 090种以上的植物（包括农作物与杂草），如番茄、辣椒、马铃薯、烟草、茄子、大豆、莴苣、花生、芹菜、南瓜、黄瓜、凤梨、桔梗、菊花、大丽花、剑兰等，茄科、葫芦科、菊科和豆科植物等都受害严重。

【病害典型症状】番茄斑萎病毒，又名番茄斑点凋萎病毒，引起的番茄斑萎病毒病是世界各国常发性的重要病害，主要表现为叶片叶面皱缩、出现圆环状斑点，严重者叶片坏死脱落；根部和茎秆坏死；植株矮小等。不同寄主，或同一寄主不同的品种、年龄、营养状况和环境条件等之间番茄斑萎病毒的为害症状差异很大（图1-4）。

图1-4 番茄斑萎病毒病症状（严婉荣 提供）

为害番茄，番茄整个生长期均能感病，且为系统性侵染。发病后仅向上部扩展，下部叶片、果实能够正常发育，但由于上部光合作用降低，植株矮小，生长点簇生，叶片表面褪绿为亮黄色且具有深褐色病斑，部分成熟果实为橘黄色且色泽不均；幼叶产生小的黑褐色病斑，发病植株的叶片褪绿，变为明黄色，茎部和叶柄出现暗褐色条纹；发病果实的典型症状为果皮产生白色至黄色同心环纹，环中心突起导致果面不平。该病毒病的重要诊断特征是在红色成熟果实上有非常明显的明亮黄色环纹。

为害辣椒，病株顶端叶片上有坏死的褪绿环斑或黄斑，沿叶柄或顶端表皮下的维管束变为褐色坏死或顶端枯死，顶端生长受抑制，严重时节间短缩，叶片坏死，植株矮化、黄化明显。成熟果实黄化，伴有同心环或坏死条纹。

为害烟草，在苗期到大田成株期均可发病，且为系统侵染，整株发病。病害症状随植株大小、环境条件、侵染水平、病毒株系及烟草品种的不同而各异。幼嫩叶片发病，形成同心轮纹、带状坏死斑点和斑纹。有时叶片上可密布小的坏死环，且常常合并为大病斑，形成不规则的坏死区；坏死区初期为淡黄色，后变为红褐色；感染后期，在中部叶片上沿主脉形成闪电状黄斑或坏死轮纹，有时叶脉也出现坏死；坏死条纹也可沿茎秆发展，并在导管和穗部出现黑色坏死和空洞，植株矮化，顶芽萎垂或下弯，或叶片扭曲，不对称生长，为该病的一大识别特征。该病很像矮化病毒病，但气温达到20℃以上时，病症不能恢复，严重感染的植株叶片萎垂并最终死亡。有些植株可恢复生长，但侧芽发生坏死症状，感病叶片发生扭曲、皱缩或萎蔫，失去烘烤价值。

为害花生，主要症状为褪绿斑、顶芽坏死等。症状因番茄斑萎病毒分离株的不同而不完全相同，叶片褪绿，芽坏死和植株死亡是典型症状。

为害莴苣，植株发病后茎秆弯曲，叶片发病时扭曲，变小，有时皱缩在一起，产生褪绿并在叶面出现疏密不等的许多坏死的小褐斑，密集的地方还会引起叶片坏死褐色斑块，最终该侧植株停止生长，产生特征性变形。

为害芫荽，株心叶发卷、坏死，严重的缩成一个小球，虽然植株矮化并不明显，但植株顶尖都生长不正常。

为害凤仙花，凤仙花出现矮化现象，叶片上有褐色叶斑或叶基变为黑色。

【防治方法】防控策略遵循“预防为主、综合防治”的植保方针，以选用抗病品种为基础，以控制越冬虫源、防治传播介体蓟马为核心，辅以提高植株抗病性的综合防控策略。

1. 加强植物检疫

种子种苗的调运是该病毒病远距离传播的主要方式。因此，严禁从有番茄斑萎病毒病分布的地区调运种子种苗，以防病毒随种苗或传毒昆虫传入。

2. 选育选种抗性品种

在辣椒、番茄、花生中已经培育出既抗番茄斑萎病毒病又有较好农艺性状的新品种。但是番茄斑萎病毒突变株系可以克服已有的抗性品种，通过多基因聚合育种可以使抗性更持久。

3. 加强种子消毒，培育壮苗

采用10%磷酸三钠溶液浸种0.5～2小时，清水冲洗干净后，再催芽播种；育苗床远离生产田，育苗前彻底清除育苗棚内外的杂草和残留植株，并封闭大棚熏蒸杀灭残留虫源；同时对育苗基质和苗床土进行全面消毒；育苗期间发现患病幼苗及时将其拔除，施用生石灰对育苗穴进行消毒。

4. 加强栽培管理

加强苗期管理，培育无病壮苗；移栽期采用银灰色薄膜驱避蓟马，在田间与株高持平处设置蓝色和黄色粘虫板，诱杀蓟马成虫；定植后及时加强肥水管理，促控结合，适当控制氮肥，增施钾肥和有机肥，肥水管理做到少量多次，促进植株生长健壮，增强植株抗病能力；清除田间杂草，防止病毒、蓟马等传播为害。

5. 防治传毒昆虫

苗期和定植后要注意防治蓟马，田间可悬挂蓝板和黄板，蓝板和黄板悬挂高度基本与植株顶端相平，每亩悬挂20～25块板；蓟马防治药剂有噻虫嗪、溴氰虫酰胺、甲氨基阿维菌素苯甲酸盐、吡虫啉、啶虫脒、乙基多杀菌素、硅藻土、苦参碱、螺虫乙酯、虫螨腈等，以及金龟子绿僵菌和球孢白僵菌等生防菌剂；并注意药剂选择和轮换使用，喷药时注重叶片背面，花瓣内等植株隐蔽部位。

6. 化学防治

番茄定植后喷施5%氨基寡糖素水剂600～800倍液或0.5%香菇多糖水剂100倍液1次，可提高番茄抗病毒的能力；发病初期可选择喷施20%吗胍·乙酸铜可湿性粉剂100～200倍液、0.5%几丁聚糖水剂300～500倍液、30%毒氟磷可湿性粉剂300～400倍液、0.1%大黄素甲醚水剂300～500倍液等，每7～10天喷施1次，连喷3～4次，对病毒病的发生有减缓作用。

第五节 黄瓜绿斑驳花叶病毒

【学名】黄瓜绿斑驳花叶病毒（*Cucumber green mottle mosaic virus*，CGMMV）。

【分类地位】

RNA病毒域（*Riboviria*）

黄病毒门（*Kitrinoviricota*）

甲型超群病毒纲（*Alsuviricetes*）

马泰利病毒目（*Martellivirales*）

植物杆状病毒科（*Virgaviridae*）

烟草花叶病毒属（*Tobamovirus*）

【寄主】黄瓜、甜瓜、西瓜、南瓜、葫芦、瓠瓜、西葫芦、笋瓜、丝瓜等葫芦科作物为主要寄主；此外，还可侵染苋色藜、白藜、曼陀罗、菟丝子、烟草、蝴蝶草等植物。

【病害典型症状】葫芦科植物是黄瓜绿斑驳花叶病毒的主要寄主，植株受害后，叶片出现黄斑、花叶或产生绿色凹凸，植株生长缓慢或矮化，严重的可导致不孕；果实外部症状不明显，内部果肉常出现油渍状深色病变，中心纤维质呈深色，向果肉内部条状聚集；种子周围形成暗紫红色油渍状空洞。但不同的寄主表现的症状略有差异（图1-5）。

A-B. 沿叶脉呈绿带状；C. 斑驳；D. 皱缩、沿叶脉呈绿带状

图1-5　黄瓜绿斑驳花叶病毒病症状（车海彦　提供）

1. 黄瓜

开始在新叶上出现黄色小斑点，并逐渐扩大成花叶、斑驳和浓绿色瘤状突起、畸形，有时黄色小斑点沿叶脉扩展成星状，或脉间褪色出现叶脉绿色带状；黄瓜植株出现矮化、部分病株顶部叶片呈现上卷现象，果实出现黄色或者银色条纹，严重者还会出现瘤状突起、畸形。

2. 甜瓜

植株茎端新叶出现黄斑，远看顶部黄色，随着叶片的老化，症状逐渐减轻；成株侧蔓叶片呈现不规则形或星状黄化，生长后期顶部叶片有时产生大型黄色轮斑；幼果有绿色花纹，后期为绿色斑块，或在绿色斑块中央再出现灰白色斑。

3. 西瓜

植株生长缓慢，叶片不规则褪色呈现淡黄色斑驳花叶状，叶面凸凹不平，叶缘向上卷曲；病蔓生长缓慢并萎蔫，严重时整株变黄直至死亡；果实表面有浓绿色圆斑，有时还长出不明显的深绿色瘤疱状突起，果梗部位出现褐色坏死条纹，病果有弹性，拍击声发钝，果肉纤维化，近果皮部果肉呈黄色水渍状，近种子果肉呈暗红色或紫红色水渍状，成熟时变为暗褐色并出现大量空洞，形同丝瓜瓤，即“血果肉”，果肉味苦不能食用，丧失经济价值。

4. 南瓜、葫芦

病叶出现脉绿、花叶等症状，严重时影响果实生长，导致果实畸形、品质下降。

5. 瓠瓜

植株顶部的叶片变小，且呈现黄化、花叶，叶脉之间呈现黄化绿色带状，下部叶片有的畸形，叶脉皱缩，叶片边缘呈波浪状；果实发病初期表皮斑驳状，严重时呈现部分绿色突起，果实成熟后，症状逐渐消失，但果梗坏死。

【防治方法】该病害的防控策略为以保护瓜类制种用种安全为核心，以严格检疫监管为抓手，采用强化产地管理，从源头阻断疫情传播为关键点，做好育种到生产的全流程防控。

1. 加强检疫

黄瓜绿斑驳花叶病毒是一种典型的种传病毒，带毒种子和嫁接苗的调运是该病毒远距离传播的主要途径。开展严格的产地检疫，严防带毒种苗生产；严禁种苗生产经营企业从发病区域调入瓜类种苗，确需调运的，必须由植物检疫部门出具检疫要求书并经严格检疫后方可调入，并做好复检工作；发生区的瓜类产品外运时，严禁以叶片、藤蔓当铺垫物或填充物，且必须经植物检疫部门检疫合格后方可外运；进一步加强市场检疫检查，严防带毒种子销售。

2. 开展种子处理

为确保种子安全无毒，种子需进行干热处理或药液浸种。①干热处理：将种子（含水量4%以下）置于72℃恒温条件下处理72小时后，进行浸种催芽或直接播种，有条件的话可在升温和降温时分别设置35℃、50℃两个梯度进行缓冲处理，每个温度处理24小时，以减小高温对种子发芽率的影响。②药液浸种：可用10%磷酸三钠溶液、0.5%～1.0%盐酸浸种20～30分钟，洗净后催芽播种。

3. 强化农业防治

因地制宜地选用抗（耐）病品种，与非寄主作物轮作，发生黄瓜绿斑驳花叶病毒病的田块，3年内不可种植葫芦科作物；培育无病壮苗，加强水肥管理，搞好田园卫生；在农事操作特别是嫁接时，手和工具用10%磷酸三钠或者75%酒精消毒，嫁接1次消毒1次；加强肥水管理，避免大水漫灌和氮肥施用过量，防止病毒传播；发现有花叶或畸形等疑似症状的病株，立即连根拔除并带到田外焚烧或深埋；田间整枝、打蔓、采摘时，病株和健株分开进行操作，避免农事操作传播病毒。

4. 合理化学防治

使用生石灰等对育苗地和已发病的地块进行土壤消毒处理；保护地育苗棚进行土壤消毒处理，棚室保持密封熏蒸48～72小时，通风2～3天后，揭开薄膜14天以上，无味时再播种或移栽定植；在作物定植后或发现可疑症状后喷施抗病毒药剂进行预防和防治。如定植后喷施0.5%香菇多糖水剂100倍液1次，可提高植株抗病毒的能力；发病初期可喷施2%宁南霉素250倍液、20%吗胍·硫酸铜水剂500～800倍液或30%毒氟·吗啉胍600倍液等，每7～10天喷施1次，连喷3～4次，对病毒病的发生有减缓作用。

第六节　番茄褪绿病毒

【学名】番茄褪绿病毒（*Tomato chlorosis virus*，ToCV）。

【分类地位】

RNA病毒域（*Riboviria*）

黄病毒门（*Kitrinoviricota*）

甲型超群病毒纲（*Alsuviricetes*）

马泰利病毒目（*Martellivirales*）

长线形病毒科（*Closteroviridae*）

毛形病毒属（*Crinivirus*）

【寄主】番茄褪绿病毒寄主广泛，侵染茄科、菊科、藜科、苋科、番杏科、十字花科、夹竹桃科等13个科30多种植物，其中以茄科的番茄和辣椒最为普遍，其他寄主如马铃薯、普通烟、本生烟、茄子、水茄、西葫芦、黄瓜、豇豆、苦苣菜、百日菊、矮牵牛等。

【病害典型症状】由番茄褪绿病毒引起的番茄褪绿病毒病是番茄生产上危害极大的一种病毒病害，该病毒病具有暴发性和流行性，寄主植物出现严重的褪绿和黄化，与营养失调症非常相似，常因误判而延误防治。

番茄植株感病后，症状首先出现在植株中下部较老的叶片，叶片变为浅绿色，逐渐变为黄色并类似于镁元素缺乏症状，叶片发黄区域经常出现青铜色或红色斑点，叶片变厚变脆，其边缘轻微向上卷曲，该病症逐渐向上发展到生长点。尽管在果实上没有明显症状，但果实变小，延迟成熟。

番茄苗期感病后，叶片叶脉间出现局部褪绿斑点，症状不明显，较难辨认。定植15天后，若条件适宜即可表现发病症状，主要表现为生长滞育，矮小瘦弱，顶部叶片黄化，下部成熟叶片叶脉间轻微褪绿。

进入开花期后感病，易出现明显症状，植株中下部叶片症状严重并逐渐向上发展，中部叶片叶脉间轻微褪绿黄化，底部叶片出现明显的叶脉深绿，叶片褪绿黄化，感病叶片变脆且易折，叶片黄化类似营养缺素症。

进入结果期感病，症状进一步加重，整株褪绿黄化，果实小、颜色偏白，不能正常膨大；叶片出现明显的脉间褪绿黄化症状，边缘轻微上卷，且局部出现红褐色坏死小斑点，后期叶脉浓绿，脉间褪绿黄化，变厚变脆且易折，最后叶片干枯脱落，果实小，并开始转色成熟，使番茄失去商品价值（图1-6）。

图1-6　番茄褪绿病毒病

【防治方法】防控策略遵循“预防为主、综合防治”的植保方针，以选用抗病品种为基础，以切断传播途径为核心，辅以提高番茄植株抗病性的综合防控策略。

（1）加强植物检疫。种苗和蔬菜的调运是番茄褪绿病毒病远距离传播的主要方式。因此，各蔬菜种植区、苗木繁育基地应加强检疫，严禁从有番茄褪绿病毒病分布的地区调运种苗，以防病毒随种苗或传毒昆虫传入。

（2）选种抗（耐）病品种。选种抗（耐）病品种是防治番茄褪绿病毒病的首要措施。因地制宜地选种适合当地的抗（耐）病优良品种，同时加强品种轮换，避免单一品种的长期种植，导致品种抗性的退化或丧失而引发病害的流行。

（3）加强种子消毒，培育壮苗。采用10%磷酸三钠溶液浸种0.5 ~ 2小时，清水冲洗干净后，再催芽播种；育苗床远离生产田，育苗前彻底清除育苗棚内外的杂草和残留植株，并封闭大棚熏蒸杀灭残留虫源；同时对育苗基质和苗床土进行全面消毒；育苗期间发现患病幼苗及时将其拔除，施用生石灰对育苗穴进行消毒。

（4）加强田间管理。定植前清除棚内所有的作物残渣及杂草，以及周围田间杂草和残枝落叶，并将所有的作物残渣及杂草等采取集中深埋或焚烧的办法妥善处理；实行轮作，避免间套作和连作，减少和避免番茄病毒病通过病土壤和残留物传播，减轻对下茬寄主作物的为害；定植后及时加强肥水管理，促控结合，适当控制氮肥，增施钾肥和有机肥，肥水管理做到少量多次，促进植株生长健壮，增强植株抗病能力；及时进行植株调整，摘除病株、病叶，喷施芸薹素内酯等营养剂，促进叶片增绿，提高植株的光合利用率。

（5）防治传毒昆虫。田间悬挂黄板诱杀烟粉虱等。黄板悬挂高度基本与植株顶端相平，每亩悬挂20 ~ 25块板；在虫害发生初期，可喷施28%阿维·螺虫酯悬浮剂1 500 ~ 3 000倍液、25%噻虫嗪水分散粒剂2 000 ~ 4 000倍液、5%高氯·啶虫脒乳油700 ~ 800倍液，注意药剂的轮换使用。

（6）化学防治。番茄定植后喷施5%氨基寡糖素水剂600 ~ 800倍液或0.5%香菇多糖水剂100倍液1次，可提高番茄抗病毒的能力；发病初期可喷施20%吗胍·乙酸铜可湿性粉剂100 ~ 200倍液、0.5%几丁聚糖水剂300 ~ 500倍液、30%毒氟磷300 ~ 400倍液、0.1%大黄素甲醚水剂300 ~ 500倍液等，每7 ~ 10天喷施1次，连喷3 ~ 4次，对病毒病的发生有减缓作用。

第七节 香蕉条斑病毒

【**学名**】香蕉条斑病毒（*Banana streak virus*，BSV）。

【分类地位】

RNA病毒域（*Riboviria*）

酶反转录病毒门（*Artverviricota*）

反转录病毒纲（*Revtraviricetes*）

反转录病毒目（*Ortervirales*）

花椰菜花叶病毒科（*Caulimoviridae*）

杆状DNA病毒属（*Badnavirus*）

【寄主】自然条件下，只侵染芭蕉科芭蕉属和象腿蕉属植物，人工接种可侵染甘蔗及美人蕉科的蕉芋。

【病害典型症状】香蕉条斑病是香蕉生产中的重要病害之一，在世界各植蕉区相继被发现，非洲最为严重。主要为害叶片。

发病初期，叶片表现为米粒状的褪绿，随着病情的发展，叶片出现断续或连续的褪绿条斑或梭形斑，甚至发展成坏死黑色条斑；严重时假茎、叶柄和果穗也会出现条纹症状（图1-7）。

图1-7　香蕉条斑病毒病症状

【防治方法】

1. 加强植物检疫

严禁从病区引进种苗，从非病区引进的种苗，也要进行严格检测，确保引进不携带病毒的种苗；选用无病母株作繁殖材料，杜绝繁殖材料带毒传播；一旦发现病株，应及时灭除。

2. 选育抗耐病品种

对香蕉条斑病毒病严重的地区，可选用对香蕉条斑病毒抗耐病性较强的品种（品系），如BITA3、PITA14、PITA16、TMPx等。

3. 培育和种植无毒种苗

目前，我国商业种植的香蕉均为组培苗。建立无病毒育苗系统，杜绝初侵染来源，是阻止该病流行最重要的措施。采用茎尖培养、胚细胞悬浮培养、高温和低温处理等方法对香蕉组培材料进行脱毒处理，确保无毒种苗的生产；加强种苗的监测和检测，保证无毒香蕉苗是控制该病的主要措施之一。香蕉无毒种苗主要通过组培工厂产业化生产，一旦种苗带毒，病毒随种苗扩繁将加剧香蕉病毒的传播和为害。

4. 加强田间管理

及时清除田间出现疑似症状的植株并烧毁；杀灭粉蚧等传毒昆虫预防病害发生，重点做好粉蚧低龄若虫盛发期的监测与防治，选用48%毒死蜱乳油1 000倍液、2.5%高效氯氟氰菊酯乳油750～1 500倍液等喷雾或灌根处理；重病蕉园进行休耕、轮作。

第八节 南方水稻黑条矮缩病毒

【学名】南方水稻黑条矮缩病毒（*Southern rice black-streaked dwarf virus*，SRBSDV）。

【分类地位】

RNA病毒域（*Riboviria*）

双链RNA病毒门（*Duplornaviricota*）

呼肠孤病毒纲（*Resentoviricetes*）
呼肠孤病毒目（*Reovirales*）
刺突呼肠孤病毒科（*Spinareoviridae*）
斐济病毒属（*Fijivirus*）

【寄主】水稻、玉米、稗草、水莎草和薏米等。

【病害典型症状】南方水稻黑条矮缩病毒病在水稻各生育期均可发生，最典型的发病症状为植株矮缩僵直，叶色浓绿，叶尖卷曲，茎节部倒生气生须根以及高位分蘖（图1-8）。

A. 田间为害状；B. 节部倒生气生须根

图1-8　南方水稻黑条矮缩病毒病症状

在水稻不同生育期其发病症状有所不同。

（1）苗期发病：病株矮小萎缩，株高仅为正常植株的1/3，叶片短阔、僵直，心叶生长缓慢，不能拔节，严重发病植株甚至早枯死亡。

（2）分蘖期和拔节期发病：分蘖期感病植株分蘖增生、矮小，新生分蘖先显症，能抽穗，但主茎和早生的分蘖抽穗不实，穗型小或包穗，空粒多，千粒重轻。拔节期感病植株剑叶短阔，穗颈短缩，地上数节节部倒生气生须根及高位分蘖；病株茎秆表面有直径1～2毫米蜡点状纵向排列的乳白色短条状瘤状突起，手摸有明显粗糙感，后期转化成褐黑色，结实率低。

（3）抽穗期发病：感病植株矮化不明显，中上部茎表面出现小瘤突，能抽穗但抽穗相对迟且短小，半包在叶鞘内，剑叶短小僵直，不实粒多，谷粒千粒重与正常植株无差异，但结实率低。

【防治方法】根据已掌握的发病规律及防控实践，“治虫防病”是控制该病害流行的有效措施，即以控制传毒昆虫白背飞虱为中心，实施“以农业防治为基础、药剂防治为辅，切断毒源、治虫防病，治秧田保本田、治前期保后期，进行联防联控”的综合防治策略。

1. 农业防治

推广对南方水稻黑条矮缩病抗病及耐病性较强的品种，逐步替代并淘汰感病品种；改善现有的栽培耕作制度，统一播种育秧，合理安排水稻播种和移栽期，提倡连片种植，避开白背飞虱迁入高峰；及时清除田间杂草及田间明显矮化的植株；合理施肥，控制氮肥使用量，增施磷肥、钾肥，增强水稻抗病能力。

2. 联防联控

加强毒源越冬区病虫防控，有利于防止病害大范围扩散传播；加强华南等地早春毒源扩繁区的病虫防控，有利于减轻长江流域等北方稻区的病害；做好早季稻中、后期病虫防控，有利于减少本地及迁飞害虫的中、晚季稻毒源侵入基数。

3. 及早预报，“治虫防病”

鉴于南方水稻黑条矮缩病主要靠白背飞虱传毒的特性，通过在水稻秧苗期测定入迁白背飞虱带毒率的方法来预测南方水稻黑条矮缩病发生趋势，初步认为当入迁白背飞虱的南方水稻黑条矮缩病毒带毒率在4%～6%时，当年南方水稻黑条矮缩病发病较轻，当白背飞虱带毒率达到30%以上时就可能有大暴发的趋势。因此，关键控制技术是在水稻敏感致病期即秧苗期，通过“治虫防病”的方法，压低白背飞虱种群数量和带毒率，从病害源头切断病毒的循环链。

4. 化学防治

化学防治是目前见效最快的方法，通过杀虫剂来防治白背飞虱，降低其繁殖以及感染水稻的概率。

发病初期，使用0.06%甾烯醇微乳剂30～40毫升/亩、8%宁南霉素水剂45～60毫升/亩、2%香菇多糖水剂100～120毫升/亩、0.5%几丁聚糖水剂167～500毫升/亩、20%毒氟磷悬浮剂80～100毫升/亩、1.8%辛菌胺醋酸盐水剂、22%低聚·吡蚜酮悬浮剂20～30毫升/亩、5.9%辛菌·吗啉胍水剂150～250毫升/亩、40%

烯·羟·吗啉胍可溶粉剂125～150克/亩、31%寡糖·吗呱可溶粉剂25～50克/亩等喷雾。

治虫防病，采用种衣剂或内吸性杀虫剂处理种子；选择合适的育秧地点、适宜的播种时间或采用物理防护，避免或减少带毒白背飞虱侵入秧田；抓好中、晚稻秧田及拔节期以前白背飞虱的防治。如每千克稻种使用70%噻虫嗪种子处理可分散粉剂2克进行拌种就可以在秧苗期很好地防治白背飞虱；在虫害始发期可喷施25%吡蚜酮可湿性粉剂18～20克/亩、10%吡虫啉可湿性粉剂10～20克/亩、10%哌虫啶悬浮剂25～35毫升/亩、50%烯啶虫胺可溶粒剂5～10克/亩、25%噻虫嗪水分散粒剂3～4克/亩、10%三氟苯嘧啶悬浮剂10～16毫升/亩、37%噻嗪酮悬浮剂20～27毫升/亩、20%毒死蜱水乳剂150～200毫升/亩、5%烯啶虫胺超低容量液剂80～120克/亩、10%醚菊酯悬浮剂40～60毫升/亩、25%呋虫胺可湿性粉剂20～24克/亩等。

第九节　水稻齿叶矮缩病毒

【学名】水稻齿叶矮缩病毒（*Rice ragged stunt virus*，RRSV）。

【分类地位】

RNA病毒域（*Riboviria*）

双链RNA病毒门（*Duplornaviricota*）

呼肠孤病毒纲（*Resentoviricetes*）

呼肠孤病毒目（*Reovirales*）

刺突呼肠孤病毒科（*Spinareoviridae*）

水稻病毒属（*Oryzavirus*）

【寄主】主要侵染水稻，还可侵染麦类、玉米、甘蔗、稗草、李氏禾等。

【病害典型症状】 水稻感染后的典型症状表现为植株矮缩，分蘖增多，叶片浓绿，叶缘有锯齿状缺刻，不抽穗或抽穗多是秕谷（图1-9）。

A. 叶片卷曲和缺刻；B. 叶片缺刻

图1-9 水稻齿叶矮缩病毒病症状

该病在水稻不同生育期的表现稍有不同。

苗期发病，心叶的叶尖常旋转多圈呈螺旋状，心叶下叶缘破裂成缺口状，多为锯齿状。

分蘖期发病，植株矮化，株高仅为健株的1/2，叶片皱缩扭曲，边缘呈锯齿状，缺刻深0.1～0.5厘米，一般不超过中脉，1片叶上常出现3～5个缺刻，有时超过10个。

有些水稻品种于拔节至孕穗期发病，在高节位上产生1至数个分枝，称“节枝现象”。分枝上抽出小穗，多不结实。有时叶鞘叶脉肿大，病株开花延迟，剑叶缩短，穗小不实。

【防治方法】 根据已掌握的发病规律及防控实践，“治虫防病”是控制该病害流行的有效措施，即以控制传毒昆虫褐飞虱为中心，实施“以农业防治为基础、药剂防治为辅，切断毒源、治虫防病，治秧田保本田、治前期保后期，进行联防联控”的综合防治策略。

1. 农业防治

因地制宜选用和换种抗病虫品种，合理作物布局，早播要种植抗病虫品种，实行连片种植，合理安排水稻播种和移栽期，尽可能种植熟期相近的品种，尽量减少单、双季稻混栽面积，避开褐飞虱迁入高峰；及时清除田间杂草及田间明显矮化的植株；合理施肥，控制氮肥使用量，增施磷肥、钾肥，增强水稻抗病能力。

2. 化学防治

化学防治是目前见效最快的方法，通过杀虫剂来防治褐飞虱，降低其繁殖以及感染水稻的概率。

发病初期，使用0.06%甾烯醇微乳剂30～40毫升/亩、8%宁南霉素水剂45～60毫升/亩、2%香菇多糖水剂100～120毫升/亩、0.5%几丁聚糖水剂167～500毫升/亩、20%毒氟磷悬浮剂80～100毫升/亩、22%低聚·吡蚜酮悬浮剂20～30毫升/亩、5.9%辛菌·吗啉胍水剂150～250毫升/亩、40%烯·羟·吗啉胍可溶粉剂125～150克/亩、31%寡糖·吗呱可溶粉剂25～50克/亩等喷雾。

治虫防病，采用种衣剂或内吸性杀虫剂处理种子；选择合适的育秧地点、适宜的播种时间或采用物理防护，避免或减少带毒褐飞虱侵入秧田；抓好稻田褐飞虱的防治。如在虫害始发期可喷施25%吡蚜酮可湿性粉剂18～20克/亩、10%吡虫啉可湿性粉剂10～20克/亩、10%哌虫啶悬浮剂25～35毫升/亩、50%烯啶虫胺可溶粒剂5～10克/亩、25%噻虫嗪水分散粒剂3～4克/亩、10%三氟苯嘧啶悬浮剂10～16毫升/亩、37%噻嗪酮悬浮剂20～27毫升/亩、20%毒死蜱水乳剂150～200毫升/亩、5%烯啶虫胺超低容量液剂80～120克/亩、10%醚菊酯悬浮剂40～60毫升/亩、25%呋虫胺可湿性粉剂20～24克/亩等。

第十节 番木瓜环斑病毒

【学名】番木瓜环斑花叶病毒（*Papaya ringspot virus*，PRSV）。

【分类地位】

RNA毒域（*Riboviria*）

小RNA病毒超群门（*Pisuviricota*）

星状及马铃薯病毒纲（*Stelpaviricetes*）

马铃薯病毒目（*Patatavirales*）

马铃薯Y病毒科（*Potyviridae*）

马铃薯Y病毒属（*Potyvirus*）

【寄主】番木瓜。

【病害典型症状】由番木瓜环斑花叶病毒引起的番木瓜环斑花叶病是番木瓜生产上一种毁灭性病害。感病番木瓜首先在植株顶叶出现花叶斑驳和褪绿黄化，后期叶片扭曲、畸形，似鸡爪状。叶柄、茎秆和果实上产生斑点、条纹或同心轮纹状环斑。在植株早期侵染，可导致植株严重矮化。当年感病的植株，在冬春季期间，其中下部叶片会全部脱落，仅剩顶部少量皱缩小叶片，第二年不结果或少结果，病株一般在1～2年内死亡（图1-10）。

A. 田间症状；B. 植株顶部叶片褪绿黄化；C-D. 叶片花叶斑驳；
E. 叶柄条纹状斑纹；F. 果实同心轮纹状环斑

图1-10 番木瓜环斑花叶病症状

【防治方法】

1. 培育抗病品种和无病种苗

（1）选育种植抗病品种。选育种植抗病品种是防治番木瓜环斑花叶病毒病最经济和最有效的措施。虽然在番木瓜常规品种和种质资源中尚未发现对该病害具有较高抗性的品种或种质材料，但品种间存在明显的耐病性差异，如广州市果树科学研究所选育出的穗中红48为较耐病品种。虽然通过常规育种方法难以获得生产上应用的抗病品种，但采用转基因生物技术将外源抗病毒基因转入优质品种中获得抗病品种，如华南农业大学通过转基因技术成功培育出抗番木瓜环斑病毒病品种华农1号，已成功在商业上获得应用。

（2）培育无病种苗。无病种苗的培育是防控该病的基础。番木瓜材料在种苗繁育前，采用血清学和分子生物学方法进行检测，以保证所有繁育的材料不带病毒。幼苗出苗后通常在防虫温室和网室内进行培育，以防止蚜虫传毒。

2. 加强田间管理

（1）果园选择。番木瓜果园应选择远离葫芦科等作物种植的地块，且不宜连作。新建番木瓜园应与旧园相距100米以上，并彻底清除100米内所有番木瓜植株的病残体。

（2）调整种植时间。该病在我国一年主要有2个发生高峰期：第一次4—5月为次发病高峰期，第二次10—11月为发病高峰期。所以，番木瓜采用秋播春植，即当年种植，当年收获，病害严重时当年砍伐，但已经保住了产量。因为第一次发病高峰期发病率低，而第二次发病时，植株已结果，产量基数已定，即在进入收获期前的生长过程中，避免了2次病害发生高峰期的侵袭。

（3）加强田间管理，规范农事操作。种植地块整地时实行高垄深沟，重施有机肥，植后早施追肥，促进番木瓜早生快发。有条件的果园要建设滴灌和喷灌设施，实行水肥一体化管理。清除果园及其周围的杂草，控制蚜虫迁徙和生长繁殖的生长环境。发现病株及时挖除并集中销毁。农事操作时，避免接触到番木瓜汁液，降低病毒传播概率。

（4）网室种植。该病主要通过蚜虫和机械接触传播，在防虫网内种植番木瓜可有效防止蚜虫对病害的传播。

3. 控制传播媒介，定期喷杀、诱杀或隔离蚜虫

在蚜虫迁飞高峰期，特别在干旱季节及时喷药，或在果园四周及田间挂黄板粘虫胶诱杀，在果园畦面可覆盖银灰膜驱蚜虫。

4. 使用诱抗剂与病毒病防治药剂

使用水杨酸等增抗剂和病毒必克、植病灵、吗啉胍、83-增抗剂等喷雾，均可减轻病害或推迟发病时间。

第二章

细 菌 界

第一节 香蕉细菌性枯萎病菌

【学名】茄科雷尔氏菌复合种［*Ralstonia solanacearum race 2*（Smith）Yabuuchi et al.］。

【分类地位】

变形杆菌门（Proteobacteria）

β-变形菌纲（Betaproteobacteria）

伯克氏菌目（Burkholderiales）

伯克氏菌科（Burkholderiaceae）

雷尔氏菌属（*Ralstonia*）

【寄主】主要为害芭蕉属（*Musa* spp.）和蝎尾蕉属（*Heliconia* spp.）等植物。

【病害典型症状】由香蕉细菌性枯萎病菌引起的香蕉细菌性枯萎病又称香蕉“MOKO”病，是一种维管束病害，在香蕉各发育阶段均可感病（图2-1）。

幼株感病，植株迅速萎蔫而死亡，中间叶片锐角状破裂，但不变黄。

成株感病，内部叶片近叶柄处变黄色，叶片萎蔫而死亡，同时从里到外叶片逐渐脱落、干枯；根部开裂，吸芽在抽新叶前变黑、矮化或在萎蔫前亦可抽出几片新叶；叶鞘呈水渍状，叶鞘变黑，叶片萎蔫时往往仍呈绿色或稍褪色，从出现症状到全株萎缩仅需1～2周。感病植株若开始结果，果实停止生长或畸形，小果局部或全果腐烂，感病青果横切可见空心；成熟的果实感病，果肉变色腐烂，部分果皮开裂，果实成熟前变色，果柄横切面边缘维管束变色。感病香蕉假茎横切面变绿黄色到红褐色，甚至黑色，尤其是里面叶鞘和果柄、假茎、根围及单个香蕉上均有暗色胶状物质及细菌菌溢。受害花苞呈水渍状腐烂。

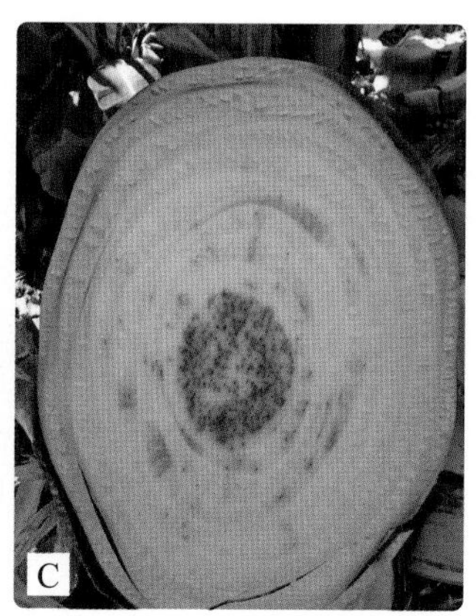

A. 植株受害状；B. 果实受害状；C. 假茎受害状

图2-1 香蕉细菌性枯萎病症状

注：A引自http://www.cpsskerala.in/；B-C引自https://apps.lucidcentral.org/

【防治方法】

1. 严禁从疫区进口香蕉及蝎尾蕉的种苗、繁殖材料

香蕉细菌性枯萎病菌长期列入《中华人民共和国进境植物检疫性有害生物名录》，严禁从疫区进口香蕉和蝎尾蕉属种苗、繁殖材料等，因科研需要特许进口少量的种苗或繁殖材料应严格隔离观察9个月以上；从非疫区进口的试管苗亦需经严格检疫和在指定地点种植。蝎尾蕉可作切花材料，亚太地区大量从中美洲引种，应禁止或限制从亚太地区进口蝎尾蕉切花材料。鹤望兰是较名贵的花卉品种，也能被雷尔氏菌侵染，对进口的鹤望兰也应进行严格检验。

2. 加强栽培管理

苗期，高温时用稻草覆盖地表，以免基部灼伤。同时及时清除田间病株，并在病株位置撒石灰。昆虫活动、农事操作、灌溉水等因素是香蕉细菌性枯萎病近距离传播的重要途径，因此，注意农具的消毒、合理安排灌溉系统（排灌分家）、香蕉套袋避免昆虫叮咬等。该病菌可以经土壤、病株残体、带病果实通过贸易环节传播，通过无着地采收、香蕉套袋、香蕉果实严格筛选、包装箱严格消毒等措施，完全有可能做到不经贸易环节传播。

3. 药剂防治

一旦发现疑似病害，立即封锁现场，并集中销毁，病株周围植株使用77%硫酸铜钙800倍液或硫酸铜500倍液进行灌根，每株药液量1～2千克，视植株大小而定，药后3～5天，适当使用一些腐殖酸或氨基酸等叶面肥促进香蕉的生长。

4. 香蕉细菌性枯萎病的根除

该病病原菌不产生可抵抗干燥环境的休眠细胞，因而抵抗干燥环境的能力很差。据研究，其在干燥环境下只能存活6～11天。休耕、轮作对该病病菌的数量降低有十分明显的作用，休耕24个月（在休耕期间要经常铲除杂草），对病害有非常明显的控制作用。但总体上看，如果一块地已经发生了香蕉细菌性枯萎病，要完全使该病病菌灭绝是不可能的，只能长期休耕或改种其他作物。

第二节 柑橘黄龙病菌

【学名】亚洲韧皮杆菌（*Candidatus Liberibacter asiaticus* Jagoueix，Bové & Garnier）。

【分类地位】

变形菌门（Proteobacteria）

α-变形菌纲（Alphaproteobacteria）

根瘤菌目（Rhizobiales）

叶杆菌科（Phyllobacteriaceae）

韧皮部杆菌属（*Liberibacter*）

【寄主】橙、橘、柑、柚等现有的商业化柑橘品种。

【病害典型症状】柑橘黄龙病是柑橘生产上最具破坏力的病害之一，已经成为柑橘生产上的“头号杀手”（图2-2）。

该病在叶片、果实、枝条乃至整个植株都会出现明显的症状。

新梢感病，新梢叶片整体停止转绿发生黄化，因此黄化分布较为均匀，并且大多出现在树冠顶部，称之为“插金花”。

叶片感病，在叶片转绿后，从叶脉附近开始黄化，出现不规则的黄色斑块，最后呈现黄绿相间的斑驳状黄化。

果实感病，在成熟期，果实着色异常，表现为果蒂周围变为黄色，下部仍保持绿色而呈现一端红、一端绿的状态，熟称“红鼻子果”。此外，果实还表现为果形歪斜、果皮过厚、果肉苦涩等症状，虽然不会影响人体健康，但品相与口感差。

整株的症状表现为，在发病初期，植株叶片黄化，随着病情逐渐严重，树冠上半部或顶部叶片转黄甚至脱落，导致树体衰退、失去结果能力，最后黄化枯死。

A. 整枝受害状；B. 叶片斑驳状黄化

图2-2　柑橘黄龙病症状

【防治方法】柑橘黄龙病的防治必须坚持“预防为主”的原则。

1. 严格实施检疫措施，严禁从病区调运苗木、接穗和砧木等材料

柑橘黄龙病主要通过带病苗木、接穗或砧木传入健康柑橘园，病原菌进入果园后，逐渐由木虱进行近距离传播。因此，为了预防该病的发生，需从柑橘苗木、接穗和砧木的检疫入手，一旦发现疫区的苗木、接穗或砧木等材料调入，要依法就地烧毁。总之，必须做到不生产、不调运、不购买、不使用未经检疫的苗木、接穗和砧木。

2. 培育无病柑橘苗木

培育无病苗木时，在隔离区建立无病母本园、采穗圃和无病苗圃，砧木种子经50～52℃热水预浸5分钟，然后用55～56℃热水浸50分钟。接穗可用湿热空气49℃处理50分钟、盐酸四环素1 000～2 000毫克/千克浸2小时（取出用清水冲洗后嫁接）、茎尖嫁接等方法脱除病原菌（兼除裂皮类病毒应采用热处理结合茎

尖嫁接方法），育苗过程要做好防疫和无病苗检测；还需对苗圃进行改良，建立无病区或全封闭式育苗网棚，并做好苗圃杀菌工作，保证苗圃内无病菌后，再进行播种和苗木培育，从源头预防柑橘黄龙病。

3. 综合防治柑橘木虱

柑橘木虱是柑橘黄龙病的传病昆虫，一年可繁衍数代，且世代重叠。其幼虫主要在柑橘的新梢、嫩芽上生长，为避免木虱携带病菌传播，应科学规划果园，合理控制果园面积，建设生态隔离带（防护林），加强树冠管理，采用抹芽控梢等方法来促使新梢整齐萌发，在春梢、秋梢等关键时期开展统防统治；此外，还可采取化学防治方法防治木虱，在果园喷洒20%氯氟氰乳油、5%阿维菌素水乳剂、30%噻虫嗪悬浮剂、10%虱螨脲悬浮剂、10%联苯菊酯乳油、40%螺虫乙酯悬浮剂等杀虫剂，在做好田间柑橘木虱测报工作的基础上，在成虫前若虫期扑杀。且采用不同作用机制的药剂轮换使用，避免木虱产生抗药性。

4. 发病早期防治

在发病早期用盐酸四环素或青霉素注射树干，对柑橘黄龙病有一定的抑制和防治效果。

5. 加强果园管理

加强冬季清园、水肥管理、统一控梢等农业措施，提高树体的抗病性，此外，对确诊和疑似病树要坚决整株连根砍除，集中烧毁，清除病株时先施杀虫剂再砍树，防止木虱飞到健康植株上，并对砍除后的病株根部在现场用生石灰消毒，清除病株后再补种健康大苗。

第三节 瓜类细菌性果斑病菌

【**学名**】西瓜噬酸菌（*Acidovorax citrulli* Schaad et al.）。

【分类地位】

变形菌门（Proteobacteria）

β-变形菌纲（Betaproteobacteria）

伯克氏菌目（Burkholderiales）

丛毛单胞菌科（Comamonadaceae）

嗜酸菌属（*Acidovorax*）

【寄主】西瓜和甜瓜为主要寄主，还侵染黄瓜、苦瓜、南瓜和西葫芦等葫芦科作物。

【病害典型症状】西瓜噬酸菌引起的瓜类细菌性果斑病，具有发病迅速、传播速度快、暴发性强等特点，是一种国际性检疫性病害（图2-3）。

A. 哈密瓜果实早期受害状；B. 哈密瓜果实严重受害状

图2-3　瓜类细菌性果斑病症状（严婉荣　提供）

瓜类细菌性果斑病在植株苗期和成株期均可发生，但在不同时期的症状有所不同，苗期主要为害叶片、嫩茎，生长期主要为害叶片，成株期至收获前主要为害果实。

幼苗感病，子叶受害，叶尖和叶缘先发病，出现水浸状小斑点，并逐渐向子叶基部扩展形成条形或不规则暗绿色水浸状病斑；真叶受害，初期出现水浸状小斑点，病斑扩大时受叶脉限制形成多角形、条斑或不规则形暗绿色病斑，后期转为不明显的褐色小斑，周围有黄色晕圈，病斑通常沿叶脉发展。发病严重时，整株幼苗坏死。湿度大时，病斑有菌脓溢出，干后形成白色发亮的菌痂。

成株期感病，在叶片上形成浅褐色至深褐色、圆形至多角形病斑，周围有黄色晕圈，沿叶脉分布，后期病斑中间变薄、干枯，严重时多个病斑连在一起。自叶缘发病时，形成"V"形病斑，通常不导致落叶，但严重时导致植株萎蔫；瓜蔓受害，通常在瓜蔓上形成褐色至黑褐色的条形、梭形、不规则状大病斑，病斑木栓化，病斑周围无黄色晕圈，但未发现叶柄和根部受害的情况。

果实感病，首先在果实表面出现水渍状斑点，初期病斑较小，随后迅速扩展，形成边缘不规则的深绿色水浸状病斑，这些坏死病斑在很短时间内便可扩展并覆盖整个果实表面，发病初期坏死病斑不延伸至果肉中，后期受损，中心部变成褐色并开裂，果实上常有白色细菌分泌物或渗出物并伴随其他杂菌侵染，最终整个果实腐烂，严重影响果实产量。如西瓜感病，果实表面出现直径仅几毫米的水渍状墨绿色小斑点，随后迅速扩展，扩大成墨绿色不规则的水渍状大斑块，7~10天内便可布满整个果实表面。发病初期病变只发生在果皮，果肉组织仍然正常，感病后期，病斑老化表皮龟裂，果实快速腐烂，严重影响了西瓜果实质量。

【防治方法】瓜类细菌性果斑病的防治应以预防为主，主要集中在种子检疫、抗病品种选育、农业措施管理以及化学生物防治等方面。

1. 加强植物检疫

瓜类细菌性果斑病菌被列为中国入境检疫性有害生物，检疫是防治该病害的第一道防线。目前，该病在国内仅分布在少数瓜类作物生产区，因此，调运种子时应注意产区是否有该病的发生，严防病菌随种子从病区带入种植区。

2. 选用抗（耐）病品种，建设无病留种基地

目前市场上虽没有商业化抗病品种，但不同品种对该病的抗病性具有一定的差异，有些品种具有一定程度耐病性，较耐病瓜类品种果皮多为深绿色，果皮颜色浅的品种易感病，此外，三倍体西瓜较二倍体西瓜抗病。选择无细菌性果斑病发生的地区作为制种基地，并采取严格的隔离措施，严防病菌感染种子。

3. 加强种子处理，减少初侵染源

由于带菌种子实现远距离传播，生产上必须加强对开花期植株监控，加强种子带菌率检测，并对种子适当处理，以减少种苗发病率。播前进行种子处理，常用处理方法包括用1%盐酸漂洗种子15分钟、15%过氧乙酸200倍液浸种30分钟、30%双氧水100倍液浸种30分钟和酸性电解水浸种30分钟等。

4. 农业防治

选择无果斑病发生的地区作为制种基地，并采取严格隔离措施，育苗床应选择通风干燥的场地，并在播种前进行土壤消毒。此外，不同田块劳作时，做好操作人员和工具的消毒工作；加强田间管理避免种植过密而植株徒长，合理整枝减少伤口；平整地势，改善田间灌溉系统，合理灌溉并排除田间积水。彻底清除田间杂草，及时清除病株及疑似病株并销毁深埋。尽量选择植株上露水已干及天气干燥时进行田间农事操作，减少病菌的人为传播；与非葫芦科作物实行3年以上的轮作等。

5. 药剂防治

瓜类细菌性果斑病的防治以预防为主。在发病前或发病初期施药可以有效地控制病害的传播和发展。该病的防治药剂以抗生素类和铜制剂为主。

（1）生物农药。中生菌素可以有效抑制瓜类细菌性果斑病的发生和蔓延。发病初期用3%中生菌素可湿性粉剂500倍液进行叶面喷施，每隔3天喷施1次，连续喷2～3次；或用有效浓度为200毫克/升的新植霉素，每隔5～7天喷1次，连续喷2～3次在预防和早期治疗方面也具有较好效果。

（2）化学农药。发病初期叶片喷施77%氢氧化铜可湿性粉剂1 500倍液，每隔7天喷施1次，连续2～3次，可有效控制病害的发生和传播，但开花期不能使用，否则影响坐果率，同时药剂浓度过高容易造成药害。

（3）其他防治措施。使用苯并噻二唑（BTH）等植物生长诱抗剂可以提高植物自身的免疫和抗病能力。

第四节 胡椒细菌性叶斑病菌

【学名】野油菜黄单胞菌蒌叶致病型［*Xanthomonas axonopodis* pv. *betlicola*（Patel，Kulkarni & Dhande）Vauterin，Hoste，kersters & suings］。

【分类地位】

变形菌门（Proteobacteria）

γ-变形菌纲（Gammaproteobacteria）

黄单胞菌目（Xanthomonadales）

黄单胞菌科（Xanthomonadaceae）

黄单胞菌属（*Xanthomonas*）

【寄主】主要为害胡椒。还可为害蒌叶、假蒟、海南蒟等胡椒属植物。

【病害典型症状】胡椒细菌性叶斑病在胡椒各龄园均有发生，以中、老龄胡椒园发病较重，叶片、枝蔓、花序和果穗均可受害，主要为害老熟叶片（图2-4）。

A. 田间受害状；B. 叶片受害状；C. 枝蔓受害状；D. 果实受害状

图2-4 胡椒细菌性叶斑病症状（桑立伟 提供）

叶片受害，初期出现水渍状斑点，逐渐变为紫褐色，呈圆形或多角形病斑，随后变为边缘具有黄色晕圈的黑褐色病斑，后期多个病斑汇合成为一个具有黄色晕圈、中央灰白色、边缘黑褐色的不规则形大病斑，在潮湿的条件下，叶片背面的病斑上有黄色菌脓，干燥后形成一层明胶状薄膜；病叶早期脱落，重病植株叶片落光。

果实受害，初期红褐色水渍状，逐渐变为深褐色至黑褐色，严重时果皮皱缩，果实干瘪。

枝蔓受害，初期出现水渍状褐色斑点，逐渐变为紫褐色至深褐色、病健交界模糊的病斑，在潮湿的条件下，病斑上产生黄色菌脓。严重时枝蔓干枯而失去生产能力，直至整株死亡。

【防治方法】

1. 加强检疫

严禁从病区调运胡椒苗，在引种调运前，加强产地检疫，一旦发现带病材料立即销毁。

2. 农业防治

（1）培育和种植无病胡椒苗。

（2）建设排水良好的胡椒园。胡椒园内外需挖排水沟、营造防风林，胡椒园面积以3～5亩为宜。

（3）加强胡椒园的抚育管理。适当施用磷钾肥，增施有机肥，改良土壤，增强植株抗病能力；定期清除枯枝落叶及椒园杂草，降低园中湿度；雨季来临前清理病叶并集中园外销毁；雨天或露水未干时，不进入病园作业。

（4）定期病害巡查。建立病害巡查制度，做到“勤巡查、早发现、早防治”。重点在雨季及时做好巡查工作，主要检查植株下层叶片。若发现中心病株或小病区，及时把病株上的病叶摘除干净，剪除病枝蔓，一同清出园外集中烧毁，并对病株进行喷药防治，保护伤口和健康枝叶；处理后加强水肥管理，台风前后勤检查，及时处理，以杜绝病害扩散；雨天或露水未干时，不进入病园作业。

3. 化学防治

发病严重的胡椒园，病叶采摘后，选用1%波尔多液或77%氢氧化铜可湿性粉剂500倍液喷施，每隔7～10天喷施1次，连续2～3次，直到无新病叶出现为止。

第五节　柑橘溃疡病菌

【学名】野油菜黄单胞菌柑橘致病变种［*Xanthomonas axonopodis* pv. *citri*（Hasse）Vauterin et al.］。

【分类地位】

变形菌门（Proteobacteria）

γ-变形菌纲（Gammaproteobacteria）

黄单胞菌目（Xanthomonadales）

黄单胞菌科（Xanthomonadaceae）

黄单胞菌属（*Xanthomonas*）

【寄主】甜橙、脐橙、酸橙、柠檬、柚、柑等柑橘类植物。不同种类抗性差异较大，柠檬类和纽荷尔脐橙比普通沃柑、091无核沃柑、默科特和凌晚脐橙更易感病，沙糖橘中抗，脆蜜金柑、早熟融安金橘、普通融安金橘高抗。

【病害典型症状】柑橘溃疡病是柑橘生产上的重要病害，为害柑橘叶片、枝梢、果实，形成木栓化稍隆起的病斑，引起落叶、枯梢、落果，果实产量和品质下降，造成严重的经济损失（图2-5）。

叶片感病，发病初期在叶片背面产生针头大小、浅黄色或暗黄绿色的油渍状圆斑，随后略扩大，变成米黄色或暗黄色并穿透叶片，正反两面隆起，叶背隆起比叶正面隆起明显，形成近圆形米黄色病斑，病斑中央开裂，木栓化、表面粗糙，呈灰白色火山口状，随病情发展，病斑进一步扩大，近圆形，中心凹陷，并现微细轮纹，周围有黄色或黄绿色晕环。病斑直径3～5毫米，因品种不同大小略有差异，有时几个病斑相连形成不规则大病斑，严重时病叶脱落。

枝条感病，夏梢受害严重，其症状与叶片上的症状相似，发病初期产生暗绿色至蜡黄色、油渍状小圆点，后变为灰褐色，较叶片上的病斑更为突起，病斑近圆形或椭圆形，木栓化程度更为严重，火山口状开裂更为明显，有时多个病斑互相连接成不规则形，甚至环绕枝条一圈使枝条枯死。

A-B. 叶片受害状；C-D. 果实受害状

图2-5　柑橘溃疡病症状

果实感病，病斑与叶片症状相似，木栓化突起和火山口状开裂更明显，有些柑橘品种在病健分界处有深褐色釉光边缘，一般病斑周围有黄色晕环，但果实成熟时，晕环消失。病斑大小因品种而异，直径3～5毫米，有时几个病斑融合形成不规则的大病斑，病斑仅限于果皮，严重时引起早期落果，导致减产。

在感病品种如甜橙类和柚上，病斑一般较大而隆起，周围的油腻状暗褐色圆圈较狭，在比较抗病的品种如酸橙、宽皮橘类和枳上，病斑小而扁平，油腻状圆圈较宽。

【防治方法】

1. 严格执行植物检疫，加强调运检疫

带菌的果实、种子、种苗、接穗及砧木等是柑橘溃疡病远距离传播的主要载体，在引种调运前，必须严格进行植物检疫。禁止从病区调运苗木、接穗和砧木种子；禁止从病区运入鲜果销售，对引进的繁殖材料，须隔离试种，并定时复检和消毒处理。一旦发现带病材料应立即彻底烧毁。

2. 加强产地检疫，强化非疫区建设

建立无病苗圃，培育无病壮苗。无病苗圃设在远离柑橘园（≥2 000米）并有荒山树林隔离的地块。育苗时，接穗和砧木种子需从无病区或无病树上采集，对可能带病的应进行严格消毒，用50%氯溴异氰尿酸可溶性粉剂800倍液浸泡30～60分钟；或用3%的硫酸亚铁浸泡1分钟。在苗木繁育期间，开展正常的产地检疫，一旦发现病株，应立即对病树及其周围50米范围内的所有柑橘树进行拔除烧毁。苗木出圃前，经过全面检疫检查，确认无发病苗木后，才能出圃种植或销售。

3. 冬季清园，加强栽培管理

对农事工具应进行消毒，每修剪一株果树后，要对枝剪消毒，才能继续修剪下一株果树，做到勤消毒、多洗手。对已经发生柑橘溃疡病的柑橘园，秋季剪除病残枝并集中销毁。将零星发病的病株挖除，并加以集中烧毁，后喷氧化亚铜1次。苗木及幼树以保梢为主，应在春芽萌动时及新梢萌芽后，各喷药保护2次。不偏施氮肥，增施钾肥，控制橘园浇水，保证夏梢、秋梢抽发整齐。减少果实和叶片损伤，及时防治潜叶蛾等害虫，减少病菌侵入伤口。

4. 实行喷药保护为主的综合防治措施

一般在春梢、夏梢、秋梢抽出后喷药预防。苗木和幼树在春梢、夏梢和秋梢萌发后20天和30天各喷药1次，结果树在谢花后及夏梢、秋梢抽发后各喷1次。预防药物可选用：波尔多液、石硫合剂、氢氧化铜、王铜、噻菌铜等。

第六节 木薯细菌性枯萎病菌

【学名】地毯草黄单胞木薯萎蔫致病变种［*Xanthomonas axonopodis* pv. *manihotis*（Bondar）Constantin et al.］。

【分类地位】

变形菌门（Proteobacteria）

γ-变形菌纲（Gammaproteobacteria）

黄单胞菌目（Xanthomonadales）

黄单胞菌科（Xanthomonadaceae）

黄单胞菌属（*Xanthomonas*）

【寄主】木薯。

【病害典型症状】木薯细菌性枯萎病是木薯生产上最为严重的病害之一，主要为害叶片和茎秆。木薯感病后，植株生长受抑制，叶片大量脱落，导致结薯少且小、淀粉含量降低、品质和产量下降，一般减产30%～50%，严重时全株枯萎而死亡。

叶片感病，发病初期，叶片出现水渍状、暗绿色、多角形病斑，在湿度大时，叶背还会出现菌脓，初期白色，后期变为黄褐色，随后病斑扩大，多个病斑汇合形成不规则形褐色病斑，导致受害叶片变黄、凋萎、干枯，最终大量脱落，天气干燥时病斑扩展缓慢。

茎秆或叶柄感病，嫩梢和叶柄的受害部位凹陷、褐色，其周围着生的叶片凋萎，严重时生长点死亡，出现茎秆顶端回枯。潮湿时发病部位会渗出黄色菌脓。染病的茎秆和根系的维管束干腐、坏死，严重时嫩梢萎蔫，由上而下逐渐扩散，甚至导致全株死亡。

A-B. 叶片受害状；C. 茎秆和叶片受害状

图2-6　木薯细菌性枯萎病症状

【防治方法】

1. 加强植物检疫

木薯细菌性枯萎病是国际上的一种重要植物检疫性病害，已被我国列为进境植物检疫性有害生物。鉴于我国木薯生产区更多的地区仍属无病区，因此，加强植物检疫，严禁将带病的木薯植株和产品向外调运，同时禁止从疫区调运木薯种茎、种苗。

2. 选种抗（耐）病品种

种植抗病品种是防治木薯细菌性枯萎病流行最经济有效的措施，不同木薯品种对细菌性枯萎病的抗性不同，选种适宜本地的抗（耐）病品种是最经济有效的防治方法。

3. 培育健康种苗

选用健康的茎秆作为繁殖材料，种植前用饱和石灰水浸泡种茎，病田土壤和农具要进行消毒，控制病田流水和土壤传入无病田块。

4. 加强田间管理

合理的水肥管理，可提高植株抗病能力。出现病株要及时清除，深埋或烧毁，拔除病株后隔2～3周再进行补栽，重病田块进行休耕，也可与其他非寄主作物轮作。

5. 化学防治

对木薯园开展细菌性枯萎病病情监测，一旦发现病情及时喷药控制。在病害发生高峰期（每年的6—9月）的高温高湿条件下，病害容易暴发流行，此时应立即喷施杀菌剂防治。主要的防治药剂有：32%唑酮·乙蒜素乳油、30%中生菌素可湿性粉剂、12%松脂酸铜乳油600倍液、47%春雷霉素可湿性粉剂700倍液、77%氢氧化铜可湿性粉剂600倍液等，按照各药剂的使用说明进行配制（建议加入适量的黏着剂），将药液均匀喷施于木薯叶面和茎秆上。根据病情的发展及天气情况，喷施药剂2～3次，间隔7～10天（注意事项：施药后2小时内下雨则需重新喷药）。

第七节 芒果细菌性黑斑病菌

【学名】野油菜黄单胞菌芒果致病变种［*Xanthomonas campestris* pv. *mangiferaeindicae*（Patel，Moniz & Kulkarni）Ah-You et al.］。

【分类地位】

变形菌门（Proteobacteria）

γ-变形菌纲（Gammaproteobacteria）

黄单胞菌目（Xanthomonadales）

黄单胞菌科（Xanthomonadaceae）

黄单胞菌属（*Xanthomonas*）

【寄主】芒果。

【病害典型症状】芒果细菌性黑斑病主要为害叶片、枝条和果实，造成叶片早衰、提早落叶、枝条坏死、落果和贮藏期果腐病，其中果实受害对其产量和商品价值影响很大（图2-7）。

为害叶片，最初在近中脉和侧脉处产生水渍状浅褐色小点，逐渐变成黑褐色，病斑扩大后边缘受叶脉限制，形成多角形或不规则形病斑，有时多个病斑融合成较大病斑，病斑表面隆起，外围常有黄色晕圈。

A–B. 叶片受害状；C. 叶柄受害状；D. 枝条受害状；E–F. 果实受害状

图2–7　芒果细菌性黑斑病症状

为害枝条和叶柄，出现黑褐色不规则形病斑，有时病斑表面纵向开裂，渗出黑褐色胶状黏液。

为害果实，初期表皮上多呈现红褐色小点，随后扩大成不规则形黑褐色病斑，后期病斑表面隆起变硬，溃疡开裂呈火山口状，潮湿条件下病部常有菌脓溢出。

该病常与芒果炭疽病及蒂腐病混合发生，在贮藏或运输期引起果实大量腐烂。

【防治方法】采取以农业防治为基础，化学防治为主导，辅以生物防治和其他措施相结合的综合治理措施。

1. 严格实施检疫

严禁疫区带菌苗木、接穗进入新建或无病果园，并加强病情监测。在重病区或果园选择种植适宜的抗病品种。

2. 农业防治

在沿海地带或平坦易招风的果园营造防护林，可避免大风造成伤口而引致病害发生。在栽培管理上，既要做好冬季清园、春季合理修剪等相关工作，又要加强水肥与花果管理，增强树势，提高树体自身抗病能力。

3. 化学防治

芒果细菌性黑斑病防治的最佳时期：采后、修剪后及时喷药1次，每次新梢转绿前定期喷施保护药剂护梢，每次抽梢喷药1～2次，每隔15天喷药1次；幼果期喷药1～2次防病护果。另外，在台风、暴雨等极端天气之后及时喷药2～3次，保护果实、幼叶和嫩枝。选用的杀菌剂：硫酸铜、双氯酚、王铜、络氨铜、代森锰锌、波尔多液、氢氧化铜、中生菌素、噻菌铜、春雷霉素等，不同杀菌剂应交替使用以免产生抗药性。

第八节　水稻白叶枯黄单胞病菌

【学名】稻黄单胞杆菌白叶枯致病变种［*Xanthomonas oryzae* pv. *oryzae*（Ishiyama）Dye］。

【分类地位】

变形菌门（Proteobacteria）

γ-变形菌纲（Gammaproteobacteria）

黄单胞菌目（Xanthomonadales）

黄单胞菌科（Xanthomonadaceae）

黄单胞菌属（*Xanthomonas*）

【寄主】水稻。

【病害典型症状】水稻白叶枯病（Bacterial blight）俗称地火烧、茅草瘟和白叶瘟，是我国水稻生产上最重要的细菌性病害之一，与稻瘟病、纹枯病并称为水稻的“三大病害”。通常暴发成灾，导致水稻减产20%～30%，甚至绝收。

该病在水稻全生育期均可发生，尤以苗期、分蘖期最重。病株症状常有叶缘型、青枯急性型、凋萎型、中脉型。

叶缘型是常见的典型症状，主要发生在叶片上，发病多从叶尖或叶缘开始，初期产生半透明黄色小斑，后发展成波纹状的黄绿或灰绿色病斑，并沿叶脉扩展成条斑，可达整张叶片，病部与健部界线明显；数日后，病斑转为灰白色，并向内卷曲，空气潮湿时，病部易见蜜黄色珠状菌脓。

青枯急性型多发生于易感病品种，发病初期，叶片呈灰绿色，如沸水烫伤状，尤其是在茎基部或根部受伤而感病的水稻会因迅速失水而向内卷曲，呈青枯状，一般为全叶青枯，病斑边缘不明显，天气潮湿时用力挤压折断的茎部，常会有黄白色菌脓流出，最后稻田出现大量死丛。

凋萎型发生在秧田后期与大田分蘖返青期，最初病株心叶叶尖失水，从叶缘向内卷曲，叶缘的水孔有黄色球状菌脓，其他叶片仍保持青绿。

中脉型常发生在水稻分蘖期或孕穗期，最初叶片中脉处呈淡黄色条斑，并逐渐沿中脉向四周扩展，最后病株枯黄而死。

总之，病害症状因侵入部位、品种和环境条件等不同而有所差异，常造成植株不能抽穗，扬花灌浆受阻，秕粒增加，茎秆软弱易倒伏（图2-8）。

A. 田间大面积发生症状；B. 叶片灰白色枯死

图2-8　水稻白叶枯病症状（吴伟怀　提供）

【防治方法】防治水稻白叶枯病应坚持“预防为主、综合防治”的防治策略，以监测预警预报、选用抗病良种为基础，杜绝病菌来源为前提，秧田防治为关键，做好肥水管理，抓住初发病期关键环节，及时做好施药预防保护，有效控制病害的发生流行和为害。

1. 加强植物检疫

种子带菌是水稻白叶枯病远距离传播的主要途径。严格执行种子调运的检验检疫制度，加强病情普查，严禁从病区调运稻种。

2. 推广抗（耐）病良种

抗（耐）病品种是防治水稻白叶枯病最经济有效的措施。加强抗病品种选育，在水稻白叶枯病的常发区及易发区，因地制宜地选育推广抗（耐）病品种，选种适合当地的优良抗病品种，要及时淘汰高感品种，加强品种轮换，避免单一品种长期种植，导致品种抗性退化和丧失，引发病害的流行。

3. 加强种子消毒与秧苗保护

将稻种用清水预浸12～24小时，再用36%三氯异氰尿酸可湿性粉剂200～300倍液等浸种12～24小时，清水洗净后催芽播种；针对水稻白叶枯病发病区域，可在稻苗3叶1心期或水稻移栽前进行药剂保护，用20%噻菌铜悬浮剂100毫升/亩、50%氯溴异氰尿酸可溶粉剂40～60克/亩或20%噻唑锌悬浮剂100毫升/亩，兑水30千克，均匀喷雾。

4. 加强监测预警预报

及时掌握气候变化，特别是台风与暴雨发生情况，加强水稻白叶枯病的调查，综合运用预测模型，预测发生发展趋势，及时发出长、中和短期预报，推广应用防治指标，科学指导病害的预防和控制。

5. 加强栽培管理

合理施肥，底肥施足有机肥，追肥早，巧施穗肥和氮、磷、钾配合的原则，避免偏施迟施氮肥，防止贪青徒长；加强灌溉管理，采取浅水勤灌措施，并适时晒田，防止串灌、漫灌和深水淹苗；大雨过后及时排水，受淹严重田块施用速效氮肥和磷肥，使水稻快速恢复生长，增强抵抗能力。

6. 适期施药保护

在发病区域，及时拔除中心病株，进行焚烧、掩埋处理；对发病的田块及时进行喷药防治，可选杀菌剂有：噻森铜、噻菌铜、辛菌胺醋酸盐、代森铵、氯溴异氰尿酸、三氯异氰尿酸、中生菌素等，此外还有枯草芽孢杆菌、解淀粉芽孢杆菌等生防菌。施药间隔7～10天，视病情发展决定施药次数。在实际防治过程中，交替轮换使用化学杀菌剂可预防抗药性的产生。此外，为了切实保证药剂的防治效果，如施药后遇雨，应及时补施；同时做好稻叶蝉、稻飞虱等害虫的防治工作，避免以虫传病。对于发病区域周边尚未发病的地块，可采取保护性施药预防。

第九节 水稻细菌性条斑病菌

【学名】稻生黄单胞杆菌条斑致病变种［*Xanthomonas oryzae* pv. *oryzicola*（Fang et al.）Dye］。

【分类地位】

变形菌门（Proteobacteria）

γ-变形菌纲（Gammaproteobacteria）

黄单胞菌目（Xanthomonadales）

黄单胞菌科（Xanthomonadaceae）

黄单胞菌属（*Xanthomonas*）

【寄主】水稻。

【病害典型症状】水稻细菌性条斑病是水稻生产中一种重要的检疫性细菌病害，具有流行性、暴发性和毁灭性等特点。该病是我国南方和东南亚水稻产区的主要病害，当气候条件适宜时，可造成40%～60%产量损失，对水稻生产造成严重威胁。

水稻细菌性条斑病主要为害水稻叶片，发病初期，病斑呈半透明、暗绿色水渍星状小点，随后逐渐沿叶脉方向扩展，由于受到叶脉限制，形成暗绿色至黄褐色细条斑。如果水稻品种为感病品种，且生长环境湿度大，病斑纵向扩展迅速，产生串珠状的黄色菌脓，呈鱼籽状，干燥后呈琥珀状附于病叶表面且不易脱落，人在触摸的时候有非常明显的黏手感。严重时多个病斑可相互连成枯斑，随后病斑不断扩展，整叶变为红褐色、不规则黄褐色至枯白，病斑边缘不呈波纹状弯曲，对光可见许多透明的小条斑；即使在干燥的情况下，病斑上也可以看到较多蜜黄色菌脓，不易脱落。抗病品种上病斑较短，长度不超过1厘米，且病斑少，菌脓也少。病斑可在全生育期任何部位发生，在秧苗期即可出现典型的条斑症状，在水稻孕穗期症状尤为明显（图2-9）。

A. 田间为害症状；B-C. 叶片受害状

图2-9　水稻细菌性条斑病症状

【防治方法】水稻细菌性条斑病是一种细菌性病害，发病后很难防治，所以要加强预防措施，并辅以药剂保护，防止病害的扩展蔓延。

1. 加强检疫

带菌种子的调运是该病远距离传播的主要途径。因此，种子生产经营单位应遵守相关生产和调运程序开展产地检疫，严禁发病田留种，确保种子不带病菌；对病田的稻谷要单独收割、单独储藏，对病田的稻桩及附近杂草等进行统一销（焚）毁；严禁从病区调种，防止带菌种子远距离传播。

2. 选用抗（耐）病性强的品种

种植抗病性强的品种是防治水稻细菌性条斑病的有效措施。虽然高抗水稻细菌性条斑病的品种仍然较少，但是因地制宜选种也是一种可行的策略，如糯稻、粳稻等适合在高暴发区域栽种，还可选种叶片较窄、直立性状好的矮秆品种。

3. 加强田间管理

要防治水稻细菌性条斑病，就要提升水稻对于该病的抗性。应用“浅、薄、湿、晒”的科学灌溉技术，避免深水灌溉和串灌、漫灌，防止涝害；提倡配方施肥，避免偏施、迟施氮肥，基肥应以有机肥为主，后期慎用氮肥；绿肥或其他有机肥过多的田，可施用适量石灰和草木灰；合理控制种植密度，减少稻叶摩擦；对于带病稻草，不可还田，要及时焚烧；除草、打药等农事活动不要带露水进行，以防止病情的蔓延。

4. 药剂防治

（1）浸种消毒处理。在发病区全面推行药剂浸种，将稻种用清水预浸12～24小时，再用36%三氯异氰尿酸可湿性粉剂200～300倍液等浸种12～24小时，清水洗净后催芽播种；可用20%噻唑锌按40克药剂加水0.8千克，拌稻种15～20千克的比例包衣种子后直接播种，现拌现播为宜。

（2）化学防治。定期进行田间病情监测，及时掌握疫情，将病害控制在发病初期。可用杀菌剂有：噻霉酮、噻菌铜、噻唑锌、丙硫唑、辛菌胺醋酸盐、氯溴异氰尿酸、春雷霉素、中生菌素等，施药间隔5～6天，视病情发展决定施药次数。在实际防治过程中，交替轮换使用化学杀菌剂可收获更加良好的效果，此外，为了切实保证药剂的防治效果，在台风、暴雨等极端天气之后及时补治。

第十节　番茄细菌性溃疡病菌

【学名】密执安棒杆菌密执安亚种［*Clavibacter michiganensis* subsp. *michiganensis*（Smith）Davis et al.］。

【分类地位】

变形杆菌门（Proteobacteria）

放线菌纲（Actinobacteria）

微球菌目（Micrococcales）

微杆菌科（Microbacteriaceae）

棒形杆菌属（*Clavibacter*）

【寄主】主要寄主是番茄，还可侵染辣椒、龙葵、烟草等47种茄科植物。

【病害典型症状】由密执安棒杆菌密执安亚种引起的番茄细菌性溃疡病，是番茄生产中最为严重、具有毁灭性的病害之一。

该病是一种维管束病害，从番茄苗期到收获期均可发生。植株常常是一侧先发病，可以表现为系统症状和局部症状。主要类型包括叶片边缘坏死、叶片萎蔫至枯死、植株矮化、茎秆开裂呈现溃疡状、维管束变褐等，后期果实上出现中央浅褐色、边缘为白色晕圈、形似鸟眼状的病斑，为本病的典型症状（图2-10）。

幼苗感病，叶片由下部向上逐渐萎蔫，有的在胚轴或叶柄处产生溃疡状凹陷条斑，维管束变褐色，髓部中空，致使幼苗卷缩、矮化或枯死。

成株感病，先从个别叶片开始，多由下向上、由局部枝叶向全株发展，起初下部叶片边缘褪绿萎蔫或向上卷缩，似缺水状，症状范围逐渐扩大，叶片黄褐色干枯；当病菌侵染至植株顶梢时，有时一侧或部分小叶萎蔫，而其余部分生长正常，随着病情发展，叶片变黄或青褐色、皱缩、干枯，似干旱缺水枯死状，但不脱落。发病高峰期，叶脉和叶柄上出现白色小斑点。在番茄坐果期后，茎秆、枝条上出现溃疡状灰白色至灰褐色狭长条形枯斑，上下扩展，病斑长度可由一节扩展到数节，后期产生长短不一的空腔，最后下陷、开裂，露出黄色至红褐色粉状髓腔，维管束变褐，或弯折，木质部与髓部脱离，最后髓部中空而死；茎略变粗，上生许多疣刺或不定根。多雨或湿度大时白色菌脓从病茎或叶柄中溢出或覆在其上，污染茎部，最后全株枯死，上部顶叶呈青枯状。取发病茎段放入清水杯中静置几分钟，肉眼可见许多浑浊菌脓溢出。

结果期染病，病果主要集中在第一、第二穗果实上，多由病茎扩展至果柄，一直可伸延到果实内，导致果柄的韧皮部及髓部呈褐色腐烂、萼片坏死，幼果皱缩、滞育、畸形，果实凹陷，有时有菌液溢出。种子不能成熟，变小、黑色。果面出现大量泡泡，果面上形成隆起的圆形白斑，有明显的凸感（即隆起），以单个病斑居多，单个病斑直径3毫米左右，大小基本均匀一致，中间有1个针尖大小的黑褐色小点，像“鸟眼”的形状，俗称鸟眼斑，为该病的典型特征，病情严重时病斑连片。

A. 叶片受害状；B. 茎秆受害状；C. 绿熟果实受害状；D. 成熟果实受害状

图2–10　番茄细菌性溃疡病症状（引自Heinz USA，Bugwood.org）

【防治方法】生产上对番茄细菌性溃疡病的防治采用“预防为主、综合防治”的宗旨，减少初侵染源是防治该病害的关键。

1. 选用抗（耐）病丰产品种

目前国内外市场上尚无理想的抗病品种，抗病性筛选结果表明，H2401、H5503、H5804、石番19、石番28、石番29、石番33、石红401和T737等加工番茄为耐病品种，中蔬4号、佳粉2号、齐研矮粉、樱桃番茄和圣女果等小番茄表现出较好的耐病性。因地制宜地选用抗（耐）病品种是防治该病害最为经济有效的措施。

2. 加强种子检测与检疫

选用无病种子是防治番茄溃疡病的首要条件；加强种子检测与检疫，建立无病留种田，选用无病种苗，从源头控制番茄细菌性溃疡病的扩展蔓延，严禁从疫区向非疫区调运种子。

3. 种子和苗床消毒

播种前，种子用冷水浸泡10分钟，再用55℃温水浸泡30分钟，其间不断搅拌并随时加热水保持水温，将种子捞出放入冷水中，于室温条件下浸泡4～5小时（或用1%高锰酸钾溶液浸泡10～15分钟），捞出洗净后即可催芽；完全干燥的种子可在70℃培养箱中消毒72小时；用40%甲醛溶液100倍液喷洒苗床土，随后床面覆盖塑料薄膜，5天后揭除薄膜，耙松苗床土使药味充分散发，15天后播种；育苗场所和育苗设施均可用40%甲醛溶液50倍液消毒，充分晾晒后方可使用。

4. 农业防治

发病初期及时摘除病叶、老叶，发现病株立即拔除，病穴和周围土壤用生石灰消毒，阻止病菌传播。采收结束后清除病残体，并集中焚烧或深埋。

底肥以有机肥为主、无机肥为辅，以改善土壤结构，提高土壤保肥保水能力，促进根系发育；番茄开花坐果期控制氮肥用量，增施磷钾肥；避免大水漫灌，有条件的可采用滴灌、管灌设施补水，以利提高土温、降低空气湿度；选晴天浇水，密闭风口，提高棚温，加速土壤水分蒸发，然后逐渐打开放风口，降低棚内湿度。

采用塑料营养钵育苗以减少伤根，有条件的可用野生番茄作砧木进行嫁接；地膜覆盖栽培，与大蒜、葱、韭菜等非茄科植物轮作2年以上，可有效降低田间病原菌数量，控制病害发生；及时清除杂草，加强通风透光；选晴天和高温天气整枝打杈后随即喷药，防止病菌从伤口侵染植株，避免在阴天和早晨叶片有露珠时进行农事操作。

5. 化学防治

（1）药剂浸种。1%高锰酸钾溶液中浸泡10～15分钟，捞出冲洗干净，以防药害，晾干后催芽。

（2）药剂防治。植株发病初期用3%中生菌素600倍液、2%春雷霉素可湿性粉剂500倍液、20%噻菌酮水剂1 000～1 500倍液、50%氯溴异氰尿酸可溶性粉剂1 500～2 000倍液、77%氢氧化铜可湿性粉剂500倍液、36%三氯异氰尿酸可湿性粉剂1 000～1 500倍液、14%络氨铜水剂300倍液等，每5～7天喷施1次，连续用药3～4次；中心发病区还可采用药剂灌根措施；不同药剂交替使用。

第十一节 桉树青枯病菌

【学名】茄科雷尔氏菌［*Ralstonia solanacearum*（Smith）Yabuuchi et al. emend. Safni et al.］。

【分类地位】

变形菌门（Proteobacteria）

β-变形菌纲（Betaproteobacteria）

伯克氏菌目（Burkholderiales）

伯克氏菌科（Burkholderiaceae）

雷尔氏菌属（*Ralstonia*）

【寄主】桉树。

【病害典型症状】桉树青枯病是一种由根际侵入、逐步蔓延到桉树植株维管束组织的一种病害，是一种典型的土壤传播病害。感病植株体内的病菌通过根部转移到土壤中，接着感染邻近的健康桉树植株。

桉树青枯病的症状表现2种类型。第一种类型为急性型，病株叶片急速失水萎蔫，叶片悬挂不脱落，呈现典型的“青枯”症状，有的枝干表面会出现褐色甚至黑褐色的条形斑，对其茎干进行解剖，会发现其木质部为黑褐色，地下的根部处于腐烂状态，坏死的根茎处有臭味。将病株的根、茎干横切然后浸入水中，清水会变为乳白色，如果将清水滴在横切面上，在1～2分钟后切面的木质部会出现白色至淡黄色的液体，这些就是菌脓，有时也会呈环状溢出，这一特征是判断青枯病发生的重要依据。急性型青枯病从发病到整株枯死一般只需2～3周。第二种类型为慢性型，表现为病株发育不良、枝干矮小，下部叶片先变为紫红色，然后颜色逐渐加深并且向上部叶片发展，最后导致整个病株的枝干叶片脱落，病株的部分茎干和侧枝部位出现不规则的黑褐色坏死斑，在情况严重时还会导致整株死亡。从植株发病到整株枯死一般需3～6个月。

图2-11　桉树青枯病症状（引自http://www.gxsksw.com/）

【防治方法】

1. 加强检疫，控制青枯病扩散

加强桉树育苗期的病害检测，严格做好育苗炼苗工作，提高苗木检疫质量；对在苗圃区已感染青枯病的桉树苗直接销毁；严禁使用疫情发生地区的枝条做繁殖材料。

2. 选择适合本地区的优良抗病品种

当前有效的桉树青枯病防治策略，是根据当地的气候特点和地理结构特征，选育和种植优良的抗病品种，可有效预防青枯病的发生。

3. 加强苗期管理

对于苗圃的管理，控制好遮棚室的湿度、温度，彻底清除传染源，保持合适的种植密度，低洼地、苗圃地进行开沟及时排水；采用人工混合基质取代天然收集育苗的基质，基质处理的主要方法有：基质装前暴晒，扦插前用0.3%高锰酸钾或0.5%甲醛溶液淋透基质，育苗过程中预防青枯病的发生。除此之外，还可以将固氮菌、菌根菌等微生物，在桉树幼苗时期接种到其根系，促使其形成共生菌，最大可能地减少病害的发生。

4. 加强田间管理

选择合适林地，避开热带风暴侵袭的地区，避开台风频繁登陆或在台风口的地区，由于桉树青枯病在阴湿的环境下容易发生，因此要选阳坡来造林，可以降低青枯病的发病概率；暴晒土壤并用生石灰消毒杀灭病菌；实行轮作，且要注意不选用之前种植过辣椒、花生、番茄、木薯、马铃薯等作物地块；林地潮湿时开沟并立即施肥，在桉树施肥时，选用复合肥和有机肥，可有效促进桉树生长，并增强抗病性；加强桉树青枯病的监测，若发现病情，开沟排水，并做好隔离工作，防止病菌通过地表传播，对于重病株则需要砍伐，同时清除枯枝与病根，并送到林地以外集中销毁，病株的病穴使用石灰或硫酸铜溶液消毒处理。

第三章

藻 物 界

第一节 剑麻斑马纹病菌

【学名】烟草寄生疫霉［*Phytophthora nicotianae* var. *parasitica*（Dastur）G.M. Waterh.］。

【分类地位】

藻物界（Chromista）

卵菌门（Oomycota）

卵菌纲（Oomycetes）

霜霉目（Peronosporales）

霜霉科（Peronosporaceae）

疫霉属（*Phytophthora*）

【寄主】剑麻。

【病害典型症状】剑麻斑马纹病是剑麻生产上的重要病害之一，导致剑麻产量和质量严重下降，造成巨大损失。该病为害剑麻植株的叶、茎和轴，引起叶斑、茎腐和轴腐，条件适合时甚至可致使剑麻整株死亡（图3-1）。

为害叶片，初期出现水渍状褪绿小斑点，高湿环境下，病斑迅速向外扩展，逐渐形成深紫色和灰绿色相间同心环，随后病斑中心变黑，分泌出黑色黏液，后期病斑组织坏死皱缩，呈现深褐和淡黄相间的斑马纹。潮湿情况下，病斑上产生白色霉状物。

为害茎秆，叶斑继续向茎部扩展造成茎腐，叶片因失水而褪色发黄、纵卷，逐渐萎蔫下垂。发病严重时叶片全部下垂，只剩下一根孤立的叶轴。纵剖茎部，发病部位病斑褐色，病健交界处有一条粉红色的分界线，随后病组织逐渐变黑，腐烂有恶臭味，病株易倒。

为害叶轴，茎腐继续向叶轴扩展造成轴腐，叶片初为褐色、卷起，病情严重时，用手轻拉，叶轴易从茎基部抽起或折断，未展开的嫩叶腐烂，有恶臭味，上有不规则的轮纹病斑，有时呈灰白色和黄白色相间的螺旋形轮纹。

A. 田间植株症状；B-C. 叶片症状

图3-1　剑麻斑马纹病症状（易克贤　提供）

【防治方法】剑麻斑马纹病的防治贯彻“预防为主、综合防治”的植保方针，采取以农业栽培措施为主，化学药剂防治和抗病育种相结合的综合防治措施。

1. 农业防治

（1）建立无病苗圃，培育无病种苗。苗圃地应选择在土壤疏松、靠近水源，阳光充足的地方，远离病麻田或剑麻加工场地。选择无性优良单株（周期长叶600片以上）的株芽苗培育成繁殖母株，建立繁殖圃，从繁殖圃培育幼苗或直接用无性优良单株的株芽苗进行培育。

（2）加强田间管理。做好“防水”工作是防治斑马纹病的关键措施。要搞好麻田基本建设，开设排水沟、防冲刷沟和隔离沟，减少流行传播；地势低洼、平坦或地下水位高的麻田，要起畦种植；雨季和雨天尽量减少田间作业；幼嫩麻田的割叶要在旱季进行；尽量减少对麻株的损伤；麻头低洼时要培土；对易发病的麻田定期进行检查；割叶应在晴天进行，连续雨天或台风雨后对全部麻田作全面检查，发现病株要挖除，茎腐、轴腐病株烧毁或深埋；不能偏施氮肥，要多施钾肥和石灰以提高麻株抗病力；麻渣要堆沤腐熟后才可使用；病穴补植抗病品种。

2. 化学防治

生产上使用的化学杀菌剂主要有：三乙膦酸铝、硫酸铜、敌磺钠、代森锌、甲基硫菌灵等。新种剑麻苗要用硫菌灵或三乙膦酸铝消毒切口；对发病初期及无病株夹角低于45°角的底层叶片可选用2%三乙膦酸铝、0.5%敌磺钠或1%波尔多液喷施；病穴土壤用1%硫酸铜、1%三乙膦酸铝或0.5%敌磺钠喷药消毒防治。

3. 选育抗病品种

我国育成的品种（种质）有10多个，其中粤西1号、广西76416、热麻1号等品种抗性较好，但由于其产量和纤维等其他综合性状比当家品种东1号差，所以没有大面积推广。

第四章

真 菌 界

第一节 桉树焦枯病菌

【学名】无性态：柱枝双孢霉（*Cylindrocladium scoparium* Morgan、*Cylindrocladium quinqueseptatum* Morgan Hodges），有性态：丽赤壳（*Calonectria morganii* Crous，Alfenas & M. J. Wingf.）。

【分类地位】

无性态：半知菌类（Deuteromycotina）

丝孢纲（Hyphomycetes）

丝孢目（Hyhhomycetales）

丝孢科（Hyphomycetaceae）

帚梗柱孢属（*Cylindrocladium*）

有性态：子囊菌门（Ascomycota）

盘菌亚门（Pezizomycotina）

粪壳菌纲（Sordariomycetes）

肉座菌亚纲（Hypocreomycetidae）

肉座菌目（Hypocreales）

丛赤壳科（Nectriaceae）

丽赤壳属（*Calonectria*）

【寄主】桉树。

【病害典型症状】该病害在桉树生长的各个阶段均可发生，主要为害幼苗和幼树的叶片、嫩茎和枝梢，尤其在扦插苗苗圃中发病严重，可在1~2天内致使扦插苗大量死亡（图4-1）。

图4-1　桉树焦枯病症状

叶片感病，初期出现水渍针头状小斑，随后病斑扩大，变为灰绿色，中间淡黄褐色，边缘有一褪绿赤褐色晕圈；后期病斑中部变成浅色，轮纹状或不明显，多数叶缘的病斑连接，向中间发展，病叶呈焦枯状，变脆易裂；严重感病的苗木全部落叶、顶枯。幼树和大树感病后，植株的最下部枝叶开始发病，并逐渐向上蔓延，靠近下部枝叶的边缘位置最先开始出现一些褪绿现象，逐渐扩大呈灰褐色烫伤状病斑，叶片边缘多数病斑连成大片的枯死斑块，叶片自下而上枯死脱落，甚至直至全叶卷曲、焦枯脱落，部分植株死亡，同时，患病叶片由下部枝条的外端向树干内侧蔓延，由下面的枝条慢慢向上方的枝条叶片入侵扩散，叶片也会随之慢慢脱落，枝叶染病后多在剩余全株枝叶的1/2处就会停止，严重时达到叶片的2/3处，通常情况下叶片不会全部脱落。病原菌侵染扦插苗或组培苗茎部后，部分表皮出现近圆形或长条形小褐斑，后期呈黑褐色，向四周扩展，环绕茎部，苗木枯死。在雨后或高湿环境下，根茎部或病叶背面密布白色霉层，即病原菌孢子堆。

【防治方法】

1. 加强森林植物检疫

开展桉树病虫害普查，划分疫区和保护区等，严禁用疫区或疫情发生区内桉树枝条作繁殖材料，包括组织培养和扦插繁殖。特别是繁殖用的母苗。选择和培养抗性强的优良品种和植株作繁殖母株。严禁从病区调运苗木，确保调入的桉树苗健康、强壮；建立无病苗圃，严把育苗种子与繁殖材料等检疫关，做好产地检疫工作，保证出圃桉树苗不带焦枯病；此外还应设置隔离带，避免病害高发季节传播，在最大程度上减少经济损失。

2. 规范育苗

选择气候、水源、土壤等适宜桉树生长的无病地块作为苗圃地，并对苗圃地进行土壤消毒；优先选择桉树叶片蜡质含量高的抗病品种进行育苗；在苗圃地内建设荫棚，预防暴晒和冻害，定期检查苗圃土壤的湿润性，一旦发现缺水立即浇水，发现杂草要拔除；如桉树育苗期间感染焦枯病，立即将其及周围的幼苗拔除，并集中销毁，预防焦枯病传播。

3. 科学造林

在栽种桉树时，要求株行距控制在2.0米×（2.5～3.0）米，且相邻桉树呈“品”字形分布，提高桉树林的通风效果；施加基肥，可选择桉树专用肥、磷肥或尿素作为基肥，增强抗病力；加强幼林管理，定期除草施肥；对于出现焦枯病的幼林，根据其严重程度修剪染病苗木的受害枝叶，特别严重的苗木应直接伐除，并集中销毁。

4. 化学防治

对发生焦枯病的苗圃和桉树林进行喷药防治，在发病中心区应及早采取综合防治措施，使用50%多菌灵可湿性粉剂、70%甲基硫菌灵可湿性粉剂等杀菌剂。

香蕉巴拿马病菌

【学名】尖孢镰刀菌古巴专化型4号生理小种［*Fusarium oxysporum* f. sp. *cubense* race 4.（E F. Sm.）W. C. Snyder & H. N. Hansen］。

【分类地位】

无性态：半知菌类（Deuteromycotina）

丝孢纲（Hyphomycetes）

瘤座孢目（Tuberculariales）
瘤座孢科（Tuberculariaceae）
镰孢属（*Fusarium*）
有性态：子囊菌门（Ascomycota）
盘菌亚门（Pezizomycotina）
粪壳菌纲（Sordariomycetes）
肉座菌亚纲（Hypocreomycetidae）
肉座菌目（Hypocreales）
丛赤壳科（Nectriaceae）
赤霉属（*Gibberella*）

【寄主】香蕉。

【病害典型症状】香蕉巴拿马病（枯萎病）是香蕉生产上最重要的病害之一，一旦发生很难彻底根除，极大地限制了世界香蕉产业的健康和可持续发展。该病是我国香蕉产区发生最为严重、最难防治的一种毁灭性病害，被老百姓称为“香蕉癌症”。

香蕉巴拿马病是一种维管束病害，受害病株凋萎、维管束变黄色至深褐色腐烂。该病发病早期症状不明显，特别是幼龄植株，虽已感染但由于其抗性强通常不表现症状，在接近抽蕾时才表现病状。主要为害叶片、茎和根。发病植株的吸芽也带菌（图4-2）。

叶片感病，成株期病株先在下部叶片及靠外的叶鞘呈现特异的黄色，初期在叶片边缘发生，然后逐渐向中肋扩展，与叶片的深绿部分对比显著，也有的整张叶片发黄，感病叶片迅速凋萎，由黄色变为褐色而干枯倒垂，其最后一片顶叶往往迟抽出或不能抽出，最后病株枯死。

假茎感病，假茎基部开裂型黄化。病株先从假茎外围的叶鞘近地面处开裂，渐渐向内扩展，层层开裂，直至心叶，并向上扩展，裂口褐色腐烂，最后叶片变黄、倒垂或不倒垂。植株枯萎相对较缓慢。内部症状表现为假茎和球茎维管束黄色到褐色病变，呈斑点状或线状，后期贯穿成条形或块状。

球茎和根感病，根部木质导管变为红棕色，一直延伸至球茎内，后变黑褐色而干枯。

A. 田间为害状；B-C. 发病叶片黄化；D. 维管束受害状；E. 茎秆开裂状；F. 球茎变褐色

图4-2　香蕉巴拿马病症状（谢艺贤　提供）

【防治方法】香蕉巴拿马病的发生受多种因素综合影响，其中香蕉品种、植株的生长状况、土壤中病原菌数量、栽培管理及环境条件等都是影响香蕉巴拿马病发生是否严重的重要因素。在防治过程中要坚持“预防为主、综合防治”的原则，严格检疫、抗病育种、化学防治、生物防治、农业防控措施及综合防控是目前防治香蕉巴拿马病的主要手段。

1. 加强调运检疫，严防带病香蕉苗传入新区

带菌种苗是香蕉巴拿马病远距离传播的主要载体，在引种调运前，必须严格进行植物检疫，禁止从香蕉巴拿马病区调运苗木，一旦发现带病应立即彻底挖除、烧毁，并进行土壤消毒处理。

2. 选育和栽培抗病品种

培育抗病品种和生产无病组培苗是目前公认的最有效的防控措施。香蕉抗病品种的选育主要有引种、芽变、组培苗变异、人工诱变和杂交等方法，我国已获得了众多香蕉新品种，如宝岛蕉、农科1号、大丰2号、桂蕉9号、南天黄等。目前南天黄在云南、广东和海南种植较多，宝岛蕉在海南等地已得到了较大面积种植。

3. 隔离病区，切断侵染来源。

隔离病区的建立是传染病防治最常见的方法。由于香蕉巴拿马病是土传性病害，所以，隔离病区的建立，能在有限的范围内减少病菌传播概率。清理已经感染香蕉巴拿马病的香蕉植株及周围的香蕉植株，构筑壕沟，形成隔离带，防止香蕉枯萎病传染到其他香蕉树上。

4. 加强田间管理

选择排灌水方便、水源头及周边没有香蕉巴拿马病发生的地块建园；水田种植时要高畦双行种植；对曾经种植过香蕉的田块，种植前结合整地，可选用石灰、多菌灵、噁霉灵等药物进行土壤消毒，通过增施石灰、腐熟有机质肥、土壤治理调节剂等手段提高酸碱度，将pH值调到6～6.5；在香蕉的栽种过程中，推广脱毒后不带病菌的试管苗种植。

5. 防治方法

（1）化学防治。化学防治是植物病害防治的一种重要方法。但该病没有理想的防治药物，发病初期可用多菌灵、甲基硫菌灵、咪鲜胺等药物灌根，每隔5～7天灌根1次，连续灌根2～3次，同时结合地上部喷施，将叶面、叶背、假茎全面喷施药液，有一定的防治效果。

（2）生物防治。生物防治是当前该病防控研究的热点，国内外筛选到大量抑菌效果良好的拮抗菌株。拮抗菌的应用，不仅可以直接抑制香蕉巴拿马病菌的生长蔓延，而且可以促进香蕉植株的生长，更重要的是能改变土壤中的微生物种

类、结构和数量，有益微生物数量增多，有害病菌相对减少，因此生物防治是香蕉巴拿马病十分重要的防控措施。对香蕉巴拿马病菌具有拮抗作用的拮抗细菌主要包括荧光假单胞菌、黏质沙雷氏菌、枯草芽孢杆菌、荚壳伯克氏菌、铜绿假单胞菌等；拮抗真菌有哈茨木霉、非致病性尖孢镰刀菌、无孢菌群真菌等，并以生防菌剂或菌肥形式进行了商业化生产应用。

第三节 黄瓜黑星病菌

【学名】瓜枝孢（*Cladosporium cucumerinum* Ellis & Arthur）。

【分类地位】

无性态：半知菌类（Deuteromycotina）
丝孢纲（Hyphomycetes）
丛梗孢目（Moniliales）
暗色孢科（Dematiaceae）
枝孢霉属（*Cladosporium*）

有性态：子囊菌门（Ascomycota）
盘菌亚门（Pezizomycotina）
座囊菌纲（Dothideomycetes）
座囊菌亚纲（Dothideomycetidae）
枝孢目（Cladosporiales）
枝孢科（Cladosporiaceae）
枝孢属（*Cladosporium*）

【寄主】主要为害黄瓜，也为害甜瓜、瓠瓜、西葫芦、冬瓜、南瓜、西瓜等葫芦科作物。

【病害典型症状】

该病害在全生育期均可发生，主要为害生长点、嫩茎、叶片和幼瓜。幼苗感病，形成秃头苗，幼叶感病，发病初期出现水渍状小斑点，直径1～2毫米，淡黄褐色，随后扩大呈褐色或黑褐色病斑，中央已破裂穿孔；叶片感病，形成浅黄色、近圆形或不规则形病斑，易破裂穿孔，病叶多皱缩；叶脉感病，病部组织坏死、褐色、周围健康组织继续生长致使叶片扭皱；嫩茎感病，在茎上产生小的、长梭形、黄褐色凹陷病斑，易龟裂；幼瓜感病，开始出现圆形或椭圆形褪绿小斑点，病部组织坏死，停止生长，使瓜条弯曲畸形，且在病部龟裂成疮痂状，病斑直径2～4毫米，病部常产生流胶，后期变成琥珀色，干后易脱落，湿度大时，病斑上长出灰黑色霉层，即病原菌的分生孢子梗和分生孢子。病瓜一般不表现湿腐（图4-3）。

A. 叶片症状；B. 果实症状

图4-3　黄瓜黑星病症状（龙海波　提供）

【防治方法】

1. 加强检疫，培育无病种苗

严禁在病区繁种和留种，严禁从病区调运种子和种苗，确保疫情不扩散。播种前进行种子处理，55℃恒温热水浸种15分钟，50%多菌灵500倍液浸种20分钟，随后用清水洗净进行催芽；可用种子重量0.3%的50%多菌灵可湿性粉剂拌种，或2.5%咯菌腈悬浮种衣剂10毫升加水150～200毫升，混匀后加入5～10千克种子进行拌种，种子包衣后播种。加强苗期管理，小苗长到1叶1心后，加强通风锻炼，适时、适量喷水，培育无病壮苗。

2. 选用抗病品种

黄瓜不同品种之间对黑星病的抗性存在明显差异。选种抗病性强的品种，提高黄瓜生长过程中对黑星病的预防能力，如天津黄瓜所培育的津优系列、津研系列、津春系列等品种，此外，还有京研秋瓜、白头翁、中农11号、中农95号、农大14、长春密刺、吉杂2号等高抗黑星病品种。

3. 农业防治

发病严重地块可与十字花科、百合科、茄科等非葫芦科蔬菜实行2～3年以上的轮作，防止重茬；合理密植，创造良好的通风环境；结瓜期增施磷钾肥，培育壮株；及时清除田间病株、落果、病叶和病花，并集中销毁或深埋处理，减少田间菌源；注意控制田间湿度，减少叶面结露，黄瓜定植至结瓜期控制浇水。

4. 化学防治

在设施大棚里，发病前，可用45%百菌清烟剂300克/亩在夜间熏蒸8小时左右进行预防；发病初期，可选用40%氟硅唑乳油7.5～12.5毫升/亩、25%嘧菌酯悬浮剂60～90毫升/亩、12.5%腈菌唑可湿性粉剂30～40克/亩、20%腈菌·福美双可湿性粉剂66.7～133.3克/亩等喷雾防治，隔5～7天喷1次，连喷3～5次。

第四节 芦笋茎枯病菌

【学名】芦笋拟茎点霉［*Phomopsis asparagi*（Saccardo）Grove.］。

【分类地位】

无性态：半知菌亚门（Deuteromycotina）
球壳孢目（Sphaeropsidales）
球壳孢科（Sphaeropsidaceae）
拟点霉属（*Phomopsis*）
有性态：子囊菌门（Ascomycota）
盘菌亚门（Pezizomycotina）
粪壳菌纲（Sordariomycetes）
座囊菌亚纲（Dothideomycetidae）
间座壳目（Diaporthales）
间座壳科（Diaporthaceae）
间座壳属（*Diaporthe*）

【寄主】芦笋。

【病害典型症状】芦笋茎枯病是芦笋生产上的一种全球性毁灭性病害，是制约芦笋产业健康发展的重要因素之一。该病在芦笋的整个生长季节均可发生，主要为害茎秆、枝条及拟叶，尤以嫩茎最易发病。

茎秆上可形成两种不同类型的病斑：一种是干燥条件下，低温或高温时出现的慢性型褐色小斑症状；另一种是温度和湿度适宜时，出现的急性型茎枯症状。两类病斑在发病初期均呈褪绿水渍状小斑、小点或短线状；慢性型病斑由于环境条件不适宜，病斑扩展慢，呈梭形或长椭圆形，凹陷，病斑浅，不深及髓部，病斑小，边缘清晰，褐色至黑褐色，病斑中间不形成黑色小粒点或只有稀疏几个黑色小粒点；急性型病斑由于环境条件适宜，病斑扩展迅速，形成大型的梭形或长椭圆形病斑，病斑边缘水渍状淡褐色至褐色，边缘不清晰，严重时病斑相互连接成片或呈长条状，病斑大小、形状变化较大，随着病斑的扩大，中心部稍凹陷，呈赤褐色，其上散生许多黑色小粒点，即病原菌的分生孢子器，随后病斑中央色泽由赤褐色变为黄褐色、淡褐色至灰白色，其上密生的黑色小粒点更为明显，散生或轮纹状排列；湿度大时，病斑边缘处有灰白色绒状菌丝，病斑深入木质部及髓部，破坏茎组织，导致受害茎秆病部中空易折断，染病后植株上部早期变黄，病斑扩展或病斑相连绕茎一周时，其上方变黄干枯，最后全株干枯死亡，有的甚至急性枯萎，或引起根盘腐烂。茎秆地下部分发病时，病斑呈棕褐色至黑褐色。枝条、拟叶上的病斑发展与茎秆上的病斑发展相似，拟叶发病也能形成分生孢子器。流行时，病害迅速在相邻植株间传播，短期内可使芦笋大面积枯黄，造成成片死亡，似火烧状（图4-4）。

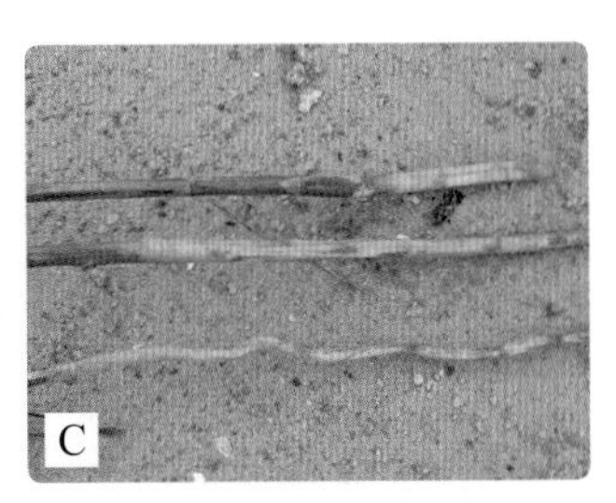

A. 田间症状；B-C. 茎秆症状

图4-4　芦笋茎枯病症状（易克贤　提供）

【防治方法】应坚持“预防为主、综合防治”的原则，在实施农业措施的基础上，加强药剂防治。

1. 种子消毒

种子播种前要进行高温消毒或药剂消毒处理。

2. 选用抗病品种

不同品种对茎枯病的抗性差异较大，考虑市场需求、当地气候环境，一般选择抗病性强、适应性广、芦笋茎粗壮、植株生长势旺、优质丰产、口味纯正的芦笋品种。

3. 彻底清园

芦笋种植地都应重点抓好春母茎、秋母茎留养前和冬季植株枯黄后的清洁田园，把病株残体和枯黄植株移出田外集中深埋或烧毁，清园后全田要松土，将地上残屑埋入地下，并用药剂进行地面消毒，以减少田间病原菌的初侵染源数量。

4. 合理施肥

重施有机肥和磷、钾肥，不可过多施用氮肥，以增强植株抗病能力，注意防止倒伏。在芦笋萌发期，氮、磷、钾三大元素供应充足，嫩茎采割后，每隔15～20天追施一次肥，停采后要以有机肥、磷、钾为主，可施用腐熟的农家肥、菜枯饼肥、磷钾肥等。

5. 合理采收

春季芦笋萌发，合理留母茎，按照芦笋种植年限和盘根大小而定，每穴留母茎3 ~ 5个，不可过多，以防田间郁蔽，剪除弱、细、弯等不良茎，并适时打顶摘心，防止植株倒伏。芦笋采收时，长至25厘米、嫩茎鳞片尚未散开时齐土采收。

6. 化学防治

在嫩茎及嫩枝抽生期进行喷药保护。可喷施的杀菌剂有硫磺、福美双、苯菌灵、甲基硫菌灵、代森锌、代森锰锌、双胍三辛烷基苯磺酸盐、苯醚甲环唑、嘧菌酯、烯唑醇等，每隔7 ~ 10天喷1次，视病情连喷2 ~ 3次。

7. 生物农药防治

芦笋嫩茎期是施用生物农药进行茎枯病预防的关键时期，常用的生物药剂有芽孢杆菌、枯草芽孢杆菌、壳低聚糖、氨基寡糖素等。

第五节 芒果畸形病菌

【**学名**】芒果镰刀菌（*Fusarium mangiferae* Britz，M. J. Wingfield & Marasas）。

【**分类地位**】

无性态：半知菌亚门（Deuteromycotina）
　　丝孢纲（Hyphomycetes）
　　　瘤座孢目（Tuberculariales）
　　　　瘤座孢科（Tuberculariaceae）
　　　　　镰孢属（*Fusarium*）

有性态：子囊菌门（Ascomycota）
　　盘菌亚门（Pezizomycotina）

粪壳菌纲（Sordariomycetes）
肉座菌亚纲（Hypocreomycetidae）
肉座菌目（Hypocreales）
从赤壳科（Nectriaceae）
赤霉属（*Gibberella*）

【寄主】芒果。

【典型症状】芒果畸形病分为枝叶畸形和花序畸形2种症状。幼苗阶段容易出现枝叶畸形，发病植株失去顶端优势，节间缩短，腋芽和顶芽膨大并产生大量的嫩芽，嫩芽丛生呈束状生长，嫩叶变细而脆，感病植株保持矮小直到最后干枯；成年植株感染该病后，受害枝条产生大量嫩芽，并成束生长呈扫帚状，最后干枯，但在下一个生长季节，枝条上畸形腋芽仍再度萌发生长。通常畸形营养枝的出现，会导致花序畸形，畸形花序呈拳头状，花轴变密，簇生，初生轴和次生轴变短、变粗，严重时分不清分枝层次，更不能使花呈聚伞状排列，小花簇拥在一起，最后焦枯死亡。畸形花序会产生更多的小花，但大部分小花不开放，且不育花的数量增加，畸形花序上两性花的雌蕊通常功能丧失，雄蕊花粉发育能力差；畸形花序几乎不能坐果，即使坐果，果实也不能正常发育而败育（图4-5）。

A. 整株症状；B. 枝条畸形早期为害状；C. 枝条畸形后期为害状；
D. 花序畸形早期为害状；E. 花序畸形后期为害状

图4-5　芒果畸形病症状

【**防治方法**】针对此病害发生为害特点，采取积极预防、及时铲除病株、综合防控的措施，防止病害扩散蔓延。

1. 加强检疫

严禁从病区引进苗木和接穗。引进的苗木和接穗中一旦发现疑似病例，立即采取应对措施，铲除并烧毁整批引进的苗木和接穗，防止病害扩散蔓延。

2. 科学修剪

剪除发病枝条，剪除的枝条至少含3次抽梢长度（0.5～1米），修剪后随即在剪口用咪鲜胺溶液（25%咪鲜胺乳油500倍液，在此特称“消毒液”，下同）浸泡过的湿棉花团（湿棉布）盖住。剪刀在剪下一条病枝前要彻底消毒。田间操作时可把棉花（棉布）与2～3把剪刀同时浸泡于消毒液中，消毒液用桶盛装，剪刀轮换浸泡和使用，剪下的枝条要集中烧毁。第一次修剪后，抽出新芽可能再发病，可按上述方法继续再修剪，修剪后发病率可逐年降低。

3. 化学防治

喷洒杀菌剂和杀螨剂是比较有效的方法，在抽梢期与开花期，结合修剪措施，重点喷施嫩梢和花穗，在抽叶时每月可喷施王铜，从花芽的萌动到坐果期间每2周轮流施用多菌灵、代森锰锌、咪鲜胺等，还要每月喷施除螨剂，如使用咪鲜胺和吡虫啉的混合液，可有效防治该病害。植物生长调节剂的适当施用也可减少发病，如喷洒GA_3、NAA等，可使发病率有所降低。

4. 提高防病意识

统一思想，全民行动，铲除无人管理和房前屋后有畸形病的芒果树。清理果园，清除枯枝杂草。

第六节 香蕉黑条叶斑病菌

【**学名**】无性态：斐济假尾孢（*Pseudocercospora fijiensis*（M. Morelet）Deighton）。

有性态：斐济球腔菌（*Mycosphaerella fijiensis* Morelet）。

【分类地位】

无性态：半知菌亚门（Deuteromycotina）
链孢霉目（Moniliales）
黑霉科（Dematiaceae）
假尾孢属（*Pseudocercospora*）

有性态：子囊菌门（Ascomycota）
盘菌亚门（Pezizomycotina）
座囊菌纲（Dothideomycetes）
座囊菌亚纲（Dothideomycetidae）
球腔菌目（Mycosphaerellales）
球腔菌科（Mycosphaerellaceae）
球腔菌属（*Mycosphaerella*）

【寄主】香蕉。

【病害典型症状】香蕉黑条叶斑病是香蕉生产上常发性重要病害之一，在香蕉主产区普遍发生，病株叶片受害面积30%，严重时高达85%～100%，造成产量损失高达三成以上，且病株果实易早熟、品质欠佳、易腐烂、不耐贮藏，严重影响香蕉的产量及品质。

该病主要为害叶片，初在叶脉间生细小褪绿斑点，后扩展成狭窄的、锈褐色条斑或梭斑，随后条纹颜色变成暗褐色、褐色或黑色，病斑扩大呈纺锤形或椭圆形，形成具有特征性的黑色条纹，病斑背面产生大量灰色霉状物。高湿条件下，病斑边缘组织呈水浸状，中央衰败或崩解，干燥条件下，病部叶片变干、深灰色，具明显的深褐色或黑色界线，病健交界处组织黄色。病害严重时，多个病斑融合、大片叶组织坏死，严重时整叶干枯、死亡，下垂倒挂在茎上。下层老熟叶片更易感病（图4-6）。

【防治方法】在防治过程中要坚持“预防为主，综合防治”的原则进行综合治理。

1. 加强检疫

严禁从病区调入带病的种苗、球茎和吸芽等繁殖材料。

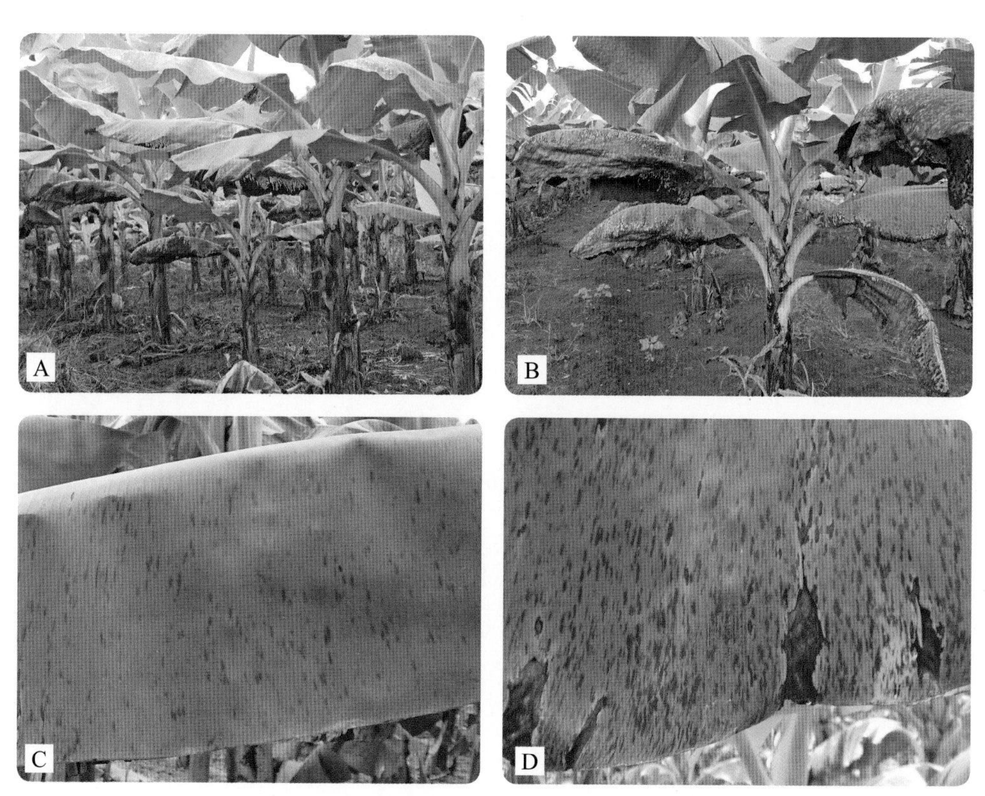

A. 果园整体香蕉受害状；B. 整株香蕉受害状；
C. 发病初期叶片症状；D. 发病后期叶片症状

图4-6　香蕉黑条叶斑病症状（谢艺贤　提供）

2. 加强栽培管理

施足基肥，增施有机肥和钾肥，果园做好排灌，旱季定期灌水，雨季及时排水，使植株生长健壮，提高抗病力；合理密植，保证通风透气，清除园内杂草，及时挖除多余吸芽，剪除下部严重病叶，防止病害向上部叶片蔓延。

3. 化学防治

重点保护新叶、嫩叶，于发病初期进行喷药保护。可喷施的杀菌剂有：25%丙环唑乳油2 000 ~ 3 000倍液、25%戊唑醇乳油1 000 ~ 1 500倍液、25%嘧菌酯悬浮剂1 000 ~ 1 500倍液、12.5%氟环唑悬浮剂1 000 ~ 2 000倍液、25%丙唑・多菌灵悬乳剂800 ~ 1 200倍液、25%吡唑醚菌酯乳油1 000 ~ 3 000倍液、40%氟环・多菌灵悬浮剂1 500 ~ 2 000倍液、42.4%唑醚・氟酰胺悬浮剂3 000倍液、35%氟菌・戊唑醇悬浮剂和22.5%啶氧菌酯悬浮剂1 000倍液等，隔10 ~ 15天喷1次，连喷4～5次。病害严重时适当缩短施药间隔时间，增加施药次数，不同药剂轮换使用，以免产生抗药性。

第七节 香蕉黄条叶斑病菌

【学名】无性态：芭蕉假尾孢［*Pseudocercospora musae*（Zimmermann）Deighton］。

有性态：芭蕉球腔菌（*Mycosphaerella musicola* R.Leach ex J.L.Mulder）。

【分类地位】

无性态：半知菌亚门（Deuteromycotina）
链孢霉目（Moniliales）
黑霉科（Dematiaceae）
假尾孢属（*Pseudocercospora*）

有性态：子囊菌门（Ascomycota）
盘菌亚门（Pezizomycotina）
座囊菌纲（Dothideomycetes）
座囊菌亚纲（Dothideomycetidae）
球腔菌目（Mycosphaerellales）
球腔菌科（Mycosphaerellaceae）
球腔菌属（*Mycosphaerella*）

【寄主】香蕉。

【病害典型症状】香蕉黄条叶斑病是香蕉生产上常发性重要叶部病害，常与黑条叶斑病混合发生。该病主要为害叶片，初生细小、暗黄色长斑纹，长度小于1厘米，扩展后，形成细长椭圆形、暗褐色病斑，大小（1～4）厘米×

（0.3 ~ 0.6）厘米，病健交界处有一黄色晕环。发病后期病斑中央干枯呈浅灰色，外缘有黑色或深褐色，具黄色晕圈。发病严重时，病叶局部或全叶枯死。潮湿条件下，叶片背面病斑可见大量灰色霉状物（图4–7）。

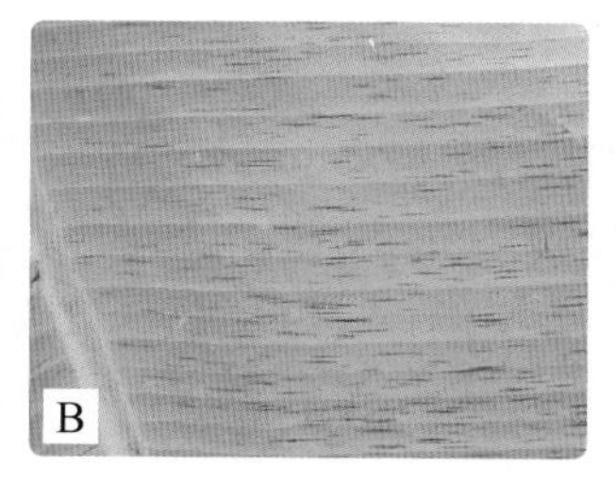

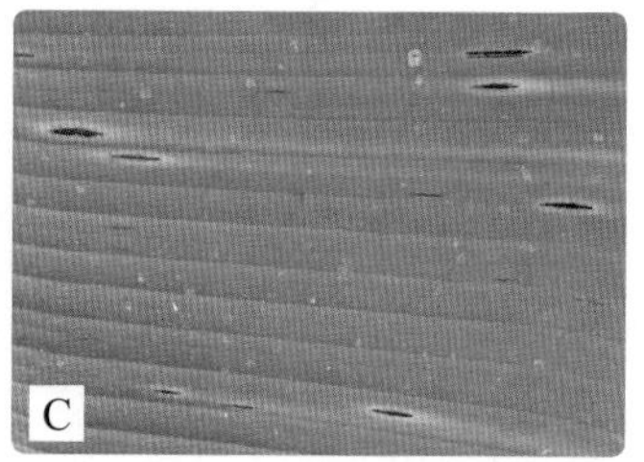

A. 整张叶片受害状；B. 发病初期叶片症状；C. 发病后期叶片症状

图4–7　香蕉黄条叶斑病症状

与香蕉黑条叶斑病的区别在于：初生病斑较细长，颜色浅，后期病斑具有黄色晕圈。

【防治方法】同香蕉黑条叶斑病的防治方法。

第八节　畸形外囊菌

【学名】畸形外囊菌［*Taphrina deformans*（Berkeley）Tulasne］。

【分类地位】

子囊菌门（Ascomycota）

　外囊菌亚门（Taphrinomycotina）

　　外囊菌纲（Taphrinomycetes）

　　　外囊菌亚纲（Taphrinomycetidae）

　　　　外囊菌目（Taphrinales）

　　　　　外囊菌科（Taphrinaceae）

　　　　　　外囊菌属（*Taphrina*）

【寄主】主要是桃树，油桃、杏、梅、李、苹果树也可受害。

【病害典型症状】畸形外囊菌主要引起桃树缩叶病。该病主要为害桃树幼嫩部位，以叶片为主，严重时也能侵染新梢、花和果实。

病树萌芽后，嫩叶刚抽出即呈红色卷曲状，叶片不平展，颜色发红，而不是新叶该有的嫩绿色。随着叶片老化，叶片卷曲和皱缩程度增加，导致叶片木耳状凹凸不平、波浪起伏，严重时叶片会完全变形，扭曲成一个疙瘩。变形的病叶肥大，叶片薄厚不一，无韧性、变脆，触碰易破裂，颜色不一，有淡黄、淡绿到红褐色等。春末夏初，病叶表面生出一层灰白色粉状物，即病菌的子囊层。病害严重时，引起全树枝叶变形，大量脱落（图4-8）。

新梢受害，变成灰绿色或黄绿色，节间缩短且略为粗肿，病梢上的叶片簇生，严重时病梢扭曲、逐渐枯萎死亡。

花朵受害，花瓣肥大变长，花丝花药也会变形，不利于授粉。

果实（幼果）受害，果面出现黄色或红色斑点，病斑略凸起，随着果实长大病斑渐渐变成褐色，干裂成疮疤，病斑部位不生长，导致果实畸形，影响其品质和商品性。

花朵、幼果受害后极易脱落，在生产实践中很少看到为害状。

图4-8　桃缩叶病症状

【防治方法】桃树缩叶病一般一年只发生一次，一般早春低温多雨地区发病概率较大，而且发病也重，而温暖干旱地区相对发病轻；低洼潮湿地块发病重，实生苗比芽苗发病重，早熟品种比中、晚熟品种发病重，毛桃比其他新优品种发病重。因此要采取预防为主、综合防治的防控措施，方能收到良好效果。

1. 选择抗病品种

建园时选择抗病和免疫桃缩叶病的品种是防止病害侵染的最根本办法。提倡栽培既高产优质又适应当地气候和消费习惯的抗病品种。

2. 加强田间管理

加强土壤和水肥的管理，及时补充氮、磷、钾和微量矿质元素，多施用充分腐熟的有机肥，适当使用生物肥，提高土壤有机质含量，保持树体健康，增强抵抗力。同时，注意灌溉排水，保持果园水分充足，灌水要见干见湿，降低果园内空气湿度，防止积水伤根伤树。对于进入果期的桃园，要做好土、肥、水的管理，合理选择树形，积极推广适合当地发展的桃主干树形，采用合适的栽植株行距，科学规范进行四季修剪，改善果园通风透光条件和小气候环境。在生长量特别大的夏季，管理一定要跟上，防止果园郁闭，减少病菌潜伏基数。合理负载，反对掠夺式生产，保持树势健壮。冬季全园树体涂白，杀死藏匿在树皮缝隙中的越冬病菌孢子，降低越冬病菌基数，提高防治效果。

3. 化学防治

（1）冬季清园涂白。防治桃缩叶病，清园是关键。特别是早春花露红前防治会达到事半功倍的效果。冬季修剪后，将枯枝、落叶、刮除的粗老翘皮全部清理，并集中带出果园烧毁或深埋，全园喷洒1次3～5波美度的石硫合剂。清园后进行树干涂白，树体主干和大主枝涂上涂白剂。涂白剂用石硫合剂+生石灰+水配制而成。早春花露红前再喷1次2～3波美度石硫合剂，杀灭越冬病菌效果最好，也是缩叶病防治的一个关键时期。

（2）发病期防治。如果上年果园中有缩叶病发生，春季桃树在芽刚萌发时喷杀菌剂进行预防，如0.3～0.5波美度石硫合剂、70%甲基硫菌灵可湿性粉剂1 000倍液、40%多菌灵胶悬剂1 000倍液、70%代森锰锌可湿性粉剂500倍液、5%井冈霉素水剂500倍液等；在花瓣露红（未展开）时喷施1次2～3波美度的石硫合剂或1：1：100波尔多液、2%氨基寡糖素、70%代森锰锌可湿性粉剂500倍液、

70%甲基硫菌灵可湿性粉剂1 000倍液、30%苯甲・丙环唑乳油2 000倍液、12.5%腈菌唑乳油2 000倍液、6%春雷霉素可湿性粉剂1 500倍液、30%丙环唑乳油2 000倍液等，每隔7～10天喷施1次，连续喷施2～3次，药剂交替使用。

（3）重病桃树，弃果保叶。全部摘除果实和病叶，深埋或带到园外焚烧，并选用代森锰锌600倍液加叶面肥磷酸二氢钾1‰～3‰、尿素1‰～3‰，每隔1～2周喷1次，连续2～3次。此外，需要增施有机肥、复合肥，促进树势恢复。

第五章

动物界（线虫门）

第一节 香蕉穿孔线虫

【学名】香蕉穿孔线虫［*Radopholus similis*（Cobb，1893）Thorne，1949］。

【分类地位】

侧尾腺纲（Secernentea）

垫刃目（Tylenchida）

短体线虫科（Pratylenchidae）

穿孔线虫属（*Radopholus*）

【寄主】香蕉穿孔线虫的寄主达360多种。主要为害单子叶植物芭蕉科的芭蕉属和天南星科的喜林芋属和花烛属植物，以及竹芋科的肖竹芋属植物，也可为害双子叶植物。主要为害的作物包括香蕉、柑橘、芭蕉、鳄梨、凤梨、芒果、美洲柿、油柿、酸豆、花生、马铃薯、甘薯、薯蓣、蚕豆、椰子、槟榔、油棕、王棕、可可、胡椒、茶树、生姜、姜黄、小豆蔻、肉豆蔻、山葵、红掌、鹤望兰等。香蕉穿孔线虫除严重为害香蕉、孔雀竹芋、箭羽竹芋外，在人工接种条件下，可严重为害大豆、玉米、高粱、甘蔗，中度为害茄子、咖啡和番茄。此外，穿孔线虫还和镰刀菌及小核菌等土传真菌相互作用，形成复合侵染，引起香蕉并发枯萎病症状。

【病害典型症状】不同寄主受香蕉穿孔线虫为害的症状存在差异。

为害香蕉，主要是侵害香蕉根部，穿刺皮层，引起根部外表出现暗红色的条状病斑，与周围坏死斑融合后形成红褐色至黑色的条状病斑。根部皮层组织有凸起的裂缝，将受害的根部纵切，可见皮层有红褐色病斑。随着病害的发展，根系生长衰弱，最终导致根部变黑腐烂。线虫穿通根皮层形成空腔，并聚集在韧皮部、形成层内取食、发育和繁殖，使根部死亡。由于根系受到破坏，地上部分叶缘干枯，心叶凋萎，坐果少，果实呈指状。由于根系被破坏，固着能力弱，蕉株易摇摆、倒伏或翻蔸，故香蕉穿孔线虫病又称为香蕉黑头倒伏病（图5-1）。

A. 香蕉田间为害状；B. 香蕉球茎受害状；C. 香蕉根受害状

图5-1　香蕉穿孔线虫为害状（彭德良　提供）

为害胡椒，白色幼嫩的胡椒根被线虫为害后产生橘黄色至紫色的坏死斑，老根受害后呈褐色，严重时须根和侧根大量坏死、腐烂，主根生长越来越弱。地上部分叶片下垂，呈黄白色，逐渐发展为全部叶片黄化脱落，生长发育停滞。在线虫侵染胡椒3～5年后，黄化的叶片、花序完全脱落，主茎死亡，即胡椒慢性萎蔫病。

为害柑橘，导致柑橘根部组织过度生长，呈肿胀状，根表皮易脱落，根系萎缩，营养根极少或无。植株地上部分叶片稀少，叶片小、僵硬、黄化，发病严重时出现枯枝，淹水后容易枯萎。季节性新梢生长差，开花少，坐果稀疏，感病树一般不会死，但树势衰退。

为害椰子树，引起非转化性的衰退症状。椰子树苗受害严重时，幼嫩根组织呈海绵状，主根表面常开裂，根部皮层被线虫穿刺破坏形成空腔，导致根死亡。受害椰子树的地上部分主要表现为植株矮化，叶片变小、变黄，开花推迟，芽脱落，产量降低。

多数观赏植物受害后，一般表现为根部坏死斑呈橙色、紫色和褐色，根部出现大量空腔，韧皮部和形成层毁坏，出现充满线虫的间隙，使中柱部分与皮层分开，根部坏死处外部形成裂缝，严重时根变黑腐烂；地上部分一般表现为叶片缩小、变色、新枝生长弱等衰退症状，严重时萎蔫、枯死。

【防治方法】香蕉穿孔线虫是一种国际公认的极为重要的检疫性植物病原线虫，被我国列为禁止进境植物检疫性有害生物，为保护我国农业生产安全，农业农村部一直将香蕉穿孔线虫列为我国农业植物检疫性有害生物，加大阻截防控力度，一旦发现疫情，采取疫情封锁、控制等措施。

1. 加强植物检疫

严禁从香蕉穿孔线虫疫区调运香蕉、红掌、凤梨等寄主植物；确需少量调入时，对来自疫区的寄主和土壤，在检验调运植物检疫证书的基础上进行复检，并在指定的隔离圃隔离种植，至少经过一个生长周期的隔离检疫。

2. 疫情严格控制

开展对香蕉穿孔线虫等外来有害生物的监测工作，以便及时发现疫情并采取有效的针对性根除措施，以最快的速度将香蕉穿孔线虫扑灭。一旦发现香蕉穿孔线虫传入，及时采取封锁和铲除措施，并向检疫部门和政府报告；对发生疫情的苗圃采取严格的控制措施，全面销毁侵染线虫或可能被线虫侵染的植物；严禁可能受污染的植物、土壤和工具外传，同时及时清除土壤中植物的根茎残体并集中销毁；土壤可用熏蒸剂处理，并覆盖黑色薄膜，保持土壤无杂草等任何活体植物至少6个月；在侵染区和非侵染区之间应建立隔离带，在隔离带中不得有任何植物，并阻止病区植物的根延伸进入隔离带。

3. 加强疫病防治

加强栽培管理，增施有机肥，增强植株的抗性；种苗处理采用50℃以上的温水浸根及其他地下组织，处理时间因植物材料不同而有差异，也可用杀线虫剂浸根处理，发病植株可喷淋杀线虫剂处理。可用的杀线虫剂有阿维菌素、噻唑膦、棉隆、苦参碱、印楝素、淡紫拟青霉等。

第二节　水稻干尖线虫

【学名】水稻干尖线虫（*Aphelenchoides besseyi* Christie，1942）。

【分类地位】

侧尾腺纲（Secernentea）

滑刃目（Aphelenchida）

滑刃科（Aphelenchoididae）

滑刃属（*Aphelenchoides*）

【寄主】水稻。

【病害典型症状】水稻干尖线虫在水中和土壤中不能长期生存，带病种子是最主要的初侵染源，远距离传播主要依靠带病种苗和稻壳等。

水稻整个生育期都受干尖线虫为害，主要为害水稻叶片及穗部，线虫在生长点上寄生而取食，少数感病品种在4～5片真叶时开始出现症状，大部分品种在病株拔节后期或孕穗后症状开始明显，受害幼苗在4～5片真叶时叶尖2～4厘米处呈黄白色，扭曲、干缩枯死，与绿色部分分界明显，即所谓“干尖”。孕穗期病株剑叶或上部叶片1～8厘米处出现淡褐色半透明状病斑，有露水时干尖可伸展开，较透明，露水干后叶尖扭曲、干卷，逐渐枯死，即水稻干尖线虫病的典型特征。干尖并不是水稻干尖线虫为害的唯一症状，很多水稻品种并不表现干尖，但感病植株一般比健康植株矮小，长势差，抽穗期表现为稻穗顶部缩小，呈塔状，穗顶部谷粒变小，谷粒减少，并且外颖开裂、米粒外露，秕谷增加、千粒重降低，成熟期病穗直立不下垂，最终影响水稻产量和品质（图5-2）。

在湿度较大等有利条件下，水稻干尖线虫存在于水稻营养生长期地上组织的各个器官中，包括茎、叶鞘和不同的叶片。在幼穗形成时，线虫侵入穗原基，孕穗期集中在幼穗颖壳内外，花期后进入小花并迅速繁殖，随着谷粒成熟，线虫逐渐失水进入休眠状态，造成谷粒携带线虫。

A. 田间症状；B-C. 叶干尖；D. 剑叶干尖、稻穗干瘪

图5-2 水稻干尖线虫病症状（冯辉 提供）

【防治方法】水稻干尖线虫可以借雨水和流水进行近距离传播，带线虫种子是该病远距离传播的主要途径，水稻干尖线虫病是典型的种传病害，因此，该病防治的首要方法是选用无病种子和进行种子消毒。

1. 加强植物检疫

严格执行产地检疫，选留无病种子，如田间发现病株，该批生产的种子必须报废；严禁从病区调运种子，防止水稻干尖线虫病随种子调运传播。

2. 加强种子处理

用药液浸种或热水处理是杀灭水稻颖壳内干尖线虫的最佳方法，可选用的杀线虫剂有：6%杀螟丹水剂1 000～2 000倍液、20%氰烯·杀螟丹可湿性粉剂800～1 600倍液、16%咪鲜·杀螟丹可湿性粉剂400～800倍液、17%杀螟·乙蒜素可湿性粉剂200～400倍液等浸种48～60小时，也可用12%氟啶·戊·杀螟种子处理可分散粉剂87～130克/100千克种子进行浸种处理，建议采用日浸夜露法，防止雨淋日晒，浸足时间是保证防治效果的关键。采用热水处理时，先将种子在冷水中预浸24小时后，放入45～47℃温水中浸种5分钟，再放入52～54℃温水中浸种10分钟，随后取出用冷水冷却后进行催芽播种。

3. 加强栽培管理

选用抗病品种是防治水稻干尖线虫病的重要措施；病区稻壳不作育秧隔离层和育苗床面的覆盖物；育苗田远离脱谷场，用病稻草做堆肥原料时，一定要充分腐熟，尽量不露置堆放；如果发现病株要及时拔除并集中深埋或烧毁；科学排灌，防止大水漫灌、串灌，避免线虫随水流传播。

参考文献

白文周，2017. 浅析水稻白叶枯病的发生及防治[J]. 云南农业（7）：42-43.

白永刘，2021. 如何防治桃树缩叶病[J]. 云南农业（2）：81-82.

蔡馥宇，关巍，乔培，等，2017. 瓜类细菌性果斑病研究新进展[J]. 中国瓜菜，30（11）：1-5.

曹涤环，2016. 水稻干尖线虫病症状识别与防治[J]. 农村青年（3）：63-64.

常晓丽，杜兴彬，陈海霞，等，2014. 上海南方水稻黑条矮缩病早期预警及防控建议[J]. 上海农业学报，30（3）：71-74.

陈建仁，金立新，方丽，等，2010. 芦笋茎枯病的识别与防治[J]. 中国蔬菜（19）：25-26.

陈雷，2016. 水稻干尖病综合防治法[J]. 农民致富之友（19）：67.

陈善辉，王健华，曾燕君，等，2010. 海南香蕉条斑病毒的检测[J]. 植物保护，36（2）：112-115.

陈韶辉，周常清，李卫红，等，2016. 番木瓜环斑型花叶病毒病的综合防治措施[J]. 中国热带农业（1）：35-37.

陈婷，汤亚飞，何自福，等，2020. 我国朱槿曲叶病毒病及其传播介体烟粉虱分布调查[J]. 南方农业学报，51（11）：2697-2705.

陈瑶瑶，2019. 香蕉枯萎病防治技术[J]. 乡村科技（15）：90-91.

陈渝，吴瑜佳，刘洪，等，2011. 柑橘溃疡病的发生及其综合防控[J]. 植物医生，24（4）：47-48.

崔学亮，2017. 浅析温室大棚黄瓜黑星病的综合防治技术[J]. 农民致富之友（20）：132.

戴桂珍，1993. 香蕉叶斑病发生规律及综防技术[J]. 福建热作科技（Z1）：73-76.

戴美秀，2014. 南方水稻黑条矮缩病防治技术[J]. 北京农业（21）：122.

董莉，欧勇，孟庆林，2020. 番茄斑萎病毒病的发生与防治[J]. 园艺与种苗，40（7）：12-13.

杜浩，只佳增，李宗锴，等，2020. 我国土壤微生物菌群构建防控香蕉枯萎病研究进展[J]. 热带农业科学，40（2）：90-98.

杜建新，2018. 番茄黄化曲叶病毒病的发生及防治[J]. 农业科技与信息（18）：13-14.

段銮梅，杨宗成，2021. 柑橘黄龙病的诊断及防控[J]. 植物医生，34（4）：72-74.

范武波，吴多清，王健华，等，2007. 香蕉条斑病毒及其所致病害研究进展[J]. 热带农业科学（5）：58-63.

符美英，陈绵才，吴凤芝，等，2011. 香蕉穿孔线虫的为害及其分类鉴定研究进展[J]. 中国植保导刊，31（3）：18-20，17.

高国龙，张兴旺，刘鑫鑫，等，2021. 菠菜是木尔坦棉花曲叶病毒新寄主[C]//彭友良，宋宝安. 植物病理科技创新与绿色防控：中国植物病理学会2021年学术年会论文集. 北京：中国农业科学技术出版社.

葛帅，余守武，杜龙岗，等，2014. 中国南方水稻黑条矮缩病的研究概况[J]. 农学学报，4（5）：8-11.

龚伟荣，2016. 水稻细菌性条斑病综合防控技术[J]. 农家致富（1）：34-35.

郭涛，黄琦，韦宝义，等，2018. 香蕉黑条叶斑病的防治药效试验[J]. 广西植保，31（3）：20-22.

郭予元，吴孔明，陈万权，2015. 中国农作物病虫害[M]. 3版. 北京：中国农业出版社.

韩鹤友，程帅华，宋智勇，等，2021. 柑橘黄龙病药物防治策略[J]. 华中农业大学学报，40（1）：49-57.

韩作敏，卢明，卜礼园，2008. 北海市涠洲镇香蕉叶斑病暴发原因分析及防治对策[J]. 广西植保（1）：34-36.

何自福，佘小漫，汤亚飞，2012. 入侵我国的木尔坦棉花曲叶病毒及其为害[J]. 生物安全学报，21（2）：87-92.

胡雪芳，田志清，2021. 柑橘黄龙病防治技术研究进展[J]. 中国植保导刊，41（7）：32-38，20.

皇甫武威，2017. 番茄黄化曲叶病毒病的防治方法[J]. 农业工程技术，37（26）：29.

黄成林，聂珍臻，贺彬，2014. 桉树青枯病的研究进展[J]. 黑龙江科学，5（11）：40-41.

黄春，黄雪萍，农勇胜，2015. 黄瓜绿斑驳花叶病毒病症状识别与监测方法[J]. 农业与技术，35（8）：115–116.
黄根深，黎德清，1991. 胡椒细菌性叶斑病的综合防治[J]. 热带作物研究（1）：71–74.
黄江华，黄嘉薇，张建军，等，2008. 番木瓜环斑病毒研究进展[J]. 安徽农业科学（8）：3257–3259.
黄鹏程，杨文渊，陶炼，等，2020. 西藏林芝桃缩叶病的发生及综合防治技术[J]. 四川农业科技（9）：33–34.
黄苏海，2021. 桉树青枯病的流行规律及防治对策探究[J]. 南方农业，15（11）：118–119.
黄英兰，陈家慧，吴启军，等，2018. 广西玉林市香蕉枯萎病发生现状与防控措施[J]. 热带农业科学，38（11）：43–46.
笈小龙，2018. 香蕉束顶病毒Rep/RepA的亚细胞定位及其基因启动子活性分析[D]. 海口：海南大学.
蒋慧，2018. 桉树焦枯病和青枯病的分离鉴定与防治方法[J]. 南方农业，12（15）：1–2.
孔国荣，2018. 我国桉树青枯病的研究概况[J]. 绿色科技（15）：165–166.
李超萍，2011. 国内木薯病害调查与细菌性枯萎病防治技术研究[D]. 海口：海南大学.
李大勇，2022. 设施番茄细菌性溃疡病的发生与防治[J]. 上海蔬菜（2）：55–56.
李刚，2010. 如何对付番木瓜环斑花叶病[J]. 农家之友（10）：14.
李桂珍，2017. 芒果细菌性黑斑病防治技术[J]. 农村百事通（15）：34.
李华平，李云锋，聂燕芳，2019. 香蕉枯萎病的发生及防控研究现状[J]. 华南农业大学学报，40（5）：128–136.
李景新，骆春敏，2018. 南方水稻黑条矮缩病的特点及危害探讨[J]. 农业与技术，38（1）：122–123，133.
李明远，2021. 试谈设施黄瓜黑星病及其防治[J]．蔬菜（3）：81–83，85–86.
李品汉，2016. 香蕉束顶病的发生及其综合防治措施[J]. 科学种养（11）：29–30.
李顺康，梁军，2019. 芒果细菌性角斑病绿色防控技术[J]. 四川农业科技（3）：32–34.
李四光，何孝兵，杨亚，等，2015. 烟草番茄斑萎病毒病防治措施[J]. 植物医生，

28（6）：37-38.
李秀华，2013. 黄瓜黑星病症状及防治措施[J]. 农业开发与装备（8）：82.
李艳，姜俊，赵红星，等，2017. 番茄抗黄化曲叶病毒病研究进展[J]. 农业科技通讯（6）：10-13.
李艳，姜俊，赵红星，等，2017. 番茄褪绿病毒病研究进展[J]. 农业科技通讯（5）：245-247.
李一农，李芳荣，罗海燕，等，2006. 外来入侵生物香蕉穿孔线虫管理对策[J]. 植物保护（6）：119-121.
李英梅，刘晨，王周平，等，2020. 番茄病毒病的症状识别特征与防治策略[J]. 现代农业科技（12）：143-145.
李英梅，张伟兵，杨艺炜，等，2020. 瓜类细菌性果斑病症状识别与防控[J]. 西北园艺（综合）（2）：46.
李云洲，默宁，闫见敏，等，2018. 番茄斑萎病毒病研究进展[J]. 园艺学报，45（9）：1750-1760.
梁东，2022. 水稻细菌性条斑病的症状、发生原因及防治措施[J]. 河南农业（8）：25-26.
梁加荣，欧阳洁英，卢继伟，等，2021. 刍议桉树焦枯病防治技术[J]. 南方农业，15（18）：59-60.
梁永昌，2021. 桉树焦枯病的发生及防治措施[J]. 种子科技，39（3）：43-44.
廖旺姣，邹东霞，朱英芝，等，2013. 桉树主要真菌性病害研究进展[J]. 广西林业科学，42（4）：359-364.
刘晨，李英梅，杨艺炜，等，2020. 走出番茄黄化曲叶病毒病防治误区[J]. 西北园艺（综合）（3）：49-50.
刘国琴，2019. 瓜类细菌性果斑病绿色防控技术[J]. 农业知识（11）：34-36.
刘鹤，2019. 水稻检疫性病害白叶枯病的发生与防治[J]. 种子科技，37（6）：119.
刘华威，罗来鑫，朱春雨，等，2016. 黄瓜绿斑驳花叶病毒病防治研究进展[J]. 植物保护，42（6）：29-37，57.
刘永利，2021. 桃树缩叶病发生规律及防治措施[J]. 新农业（13）：22-23.
柳凤，卢乃会，詹儒林，等，2012. 芒果畸形病研究进展[J]. 热带作物学报，33.

（11）：2104-2109.
卢文智，2022. 桉树病虫害综合防治技术[J]. 现代农业科技（1）：124，127.
罗来鑫，赵廷昌，李建强，等，2004. 番茄细菌性溃疡病研究进展[J]. 中国农业科学（8）：1144-1150.
毛芙蓉，刘燕妮，范惠冬，等，2019. 番茄细菌性溃疡病的发生规律与防治措施[J]. 吉林蔬菜（4）：42-43.
闵亚军，2012. 黄瓜黑星病发病规律与综合防治技术[J]. 现代农村科技（8）：30.
明德南，2008. 香蕉细菌性枯萎病特征[J]. 世界热带农业信息（3）：27.
尼秀媚，陈长法，封立平，等，2014. 番茄斑萎病毒研究进展[J]. 安徽农业科学，42（19）：6253-6255，6406.
裴玉侠，王仰珍，钟玉臣，2013. 黄瓜黑星病的识别与综合防治[J]. 农业科技通讯（5）：219-220.
彭军，郭立佳，王国芬，等，2012. 香蕉条斑病毒LAMP快速检测方法的建立[J]. 植物病理学报，42（6）：577-584.
PHAN CONG KIEN，韦继光，黄晓娜，等，2014. 广西桉树焦枯病的流行规律研究[J]. 中国森林病虫，33（6）：30-34.
漆艳香，曾凡云，彭军，等，2022. 香蕉黑条叶斑病田间发生动态观察[J]. 现代农业科技（9）：77-79，82.
丘海峰，2011. 木薯细菌性枯萎病研究进展[J]. 现代农业科技（15）：164-165.
邱世明，牛立霞，刘志昕，2007. 香蕉条斑病毒病研究进展[J]. 热带农业科学（3）：57-61.
瞿华香，崔国贤，张岳平，2021. 芦笋茎枯病防控策略研究进展[J]. 长江蔬菜（18）：45-49.
桑利伟，刘爱勤，孙世伟，等，2010. 胡椒主要病害识别与防治技术[J]. 热带农业科学，30（1）：6-9，26.
商明清，张德满，杨勤民，等，2014. 山东省瓜类细菌性果斑病的发生与防控[J]. 植物检疫，28（3）：93-96.
施洁，程志超，王芹，等，2016. 大棚芦笋茎枯病的发生及综合防治[J]. 现代农业科技（23）：134.
石扬娟，康勇，冯晓霞，等，2020. 六安市水稻细菌性条斑病发生现状及防控技术[J]. 安徽农业科学，48（2）：159-161.
宋美儒，2012. 水稻干尖线虫病的发生与防治[J]. 辽宁农业科学（增刊）：105-106.
宋晓宇，刘勇，陈建斌，等，2019. 番茄斑萎病毒系统侵染我国大蒜[J]. 植物保护，45（3）：149-151，173.
孙雪丽，郝向阳，王天池，等，2018. 香蕉枯萎病防控和抗病育种研究进展[J]. 果树学报，35（7）：870-879.
谭远文，2020. 柑橘黄龙病综合防控措施[J]. 乡村科技（15）：103，105.
汤帅，杨远航，潘素君，等，2018. 水稻细菌性条斑病防治研究进展[J]. 农学学报，8（11）：16-20.
汪涵，许东林，周国辉，2014. 南方水稻黑条矮缩病及其防控技术研究进展[J]. 中国植保导刊，34（3）：17-20.
汪智渊，陆菲，杨红福，等，2016. 水稻干尖线虫对水稻剑叶的危害及对生长和产量的影响[J]. 天津农业科学，22（6）：101-102，106.
王迪轩，2021. 番茄细菌性溃疡病的识别与综合防治[J]. 新农村（5）：26-28.
王国芬，黄俊生，谢艺贤，等，2006. 香蕉叶斑病的研究进展[J]. 果树学报（1）：96-101.
王华弟，陈剑平，严成其，等，2017. 中国南方水稻白叶枯病发生流行动态与绿色防控技术[J]. 浙江农业学报，29（12）：2051-2059.
王惠哲，张有为，李淑菊，等，2018. 不同黄瓜材料对黑星病的抗性评价[J]. 农业科技通讯（11）：142-144.
王剑，朱燕，赵黎宇，等，2020. 水稻白叶枯病的发生流行与防治技术[J]. 四川农业科技（10）：35-36，39.
王利平，2019. 水稻细菌性条斑病综合防控技术[J]. 农业知识（16）：13.
王万东，龙亚芹，黄家雄，等，2010. 芒果畸形病的病因学及综合防治研究进展[J]. 西南农业学报，23（3）：968-971.
王文汉，2017. 芒果主要病害综合防治技术[J]. 农技服务，34（19）：60，56.
王晓宇，彭埃天，宋晓兵，等，2021. 柑橘溃疡病综合防控技术研究进展[J]. 中国农学通报，37（31）：106-111.
王艳玮，漆艳香，曾凡云，等，2020. 香蕉条斑病毒病和花叶病混合感染的症状

及其分子检测 [J]. 热带农业科学，40（7）：75-78.
王莹莹，谢学文，李宝聚，2015. 李宝聚博士诊病手记（八十三）黄瓜黑星病的发生与防治[J]. 中国蔬菜（6）：73-75.
王志静，吴黎明，宋放，等，2020. 柑橘溃疡病发生规律及综合防治技术[J]. 湖北农业科学，59（24）：122-123，127.
王志荣，王孝宣，杜永臣，等，2016. 番茄褪绿病毒病研究进展[J]. 园艺学报，43（9）：1735-1742.
魏红妮，王逸聪，2022. 桃缩叶病的发生与综合防控[J]. 西北园艺（果树）（2）：28-30.
魏林，梁志怀，张屹，2016. 黄瓜黑星病的发生规律及综合防治[J]. 长江蔬菜（19）：55.
吴学业，张慧敏，2020. 浅谈水稻细菌性条斑病的发生及绿色防控技术[J]. 农业开发与装备（4）：175，182.
吴英林，2022. 柑橘黄龙病疫情监测与防控措施[J]. 现代农业科技（4）：117-118，125.
夏玥琳，吕金慧，李泽栋，等，2019. 番木瓜病毒病的研究进展[J]. 分子植物育种，17（11）：3690-3694.
肖玉娟，傅奇，裴仰悦，等，2017. 浅析福建省常见水稻病害[J]. 生物灾害科学，40（4）：243-247.
肖运喜，2014. 柑橘溃疡病的发生及其综合防控技术[J]. 农业与技术，34（6）：125.
谢海霞，张雨良，杨樱子，等，2015. 南繁区水稻病毒病发生情况及分子鉴定[J]. 热带农业科学，35（1）：53-58.
谢宏谋，2021. 桉树青枯病防治措施及对策探讨[J]. 防护林科技（5）：78-79.
谢家廉，杨芳，黄文坤，等，2017. 近年水稻主要线虫病害的研究进展[J]. 植物保护学报，44（6）：940-949.
谢淑涛，2016. 浅谈瓜类果斑病的识别与防控[J]. 农民致富之友（14）：43.
邢谷杨，2004. 胡椒无公害生产及其主要病虫害防治[J]. 广西热带农业（6）：34-35.
徐坚，沈颖，王华弟，等，2016. 水稻白叶枯病的发生危害与综合防治技术探讨

[J]. 中国稻米，22（2）：65-67.
徐衍红，2017. 黄瓜黑星病的发生与防治[J]. 上海蔬菜（3）：39.
许传征，蒋学杰，2020. 芦笋茎枯病综合防治措施[J]. 特种经济动植物，23（1）：43，47.
阳廷密，陈传武，邓光宙，等，2021. 不同柑橘品种对柑橘溃疡病抗病能力的测定初报[J]. 南方园艺，32（6）：23-25.
杨宝丽，2019. 水稻常见病害发生症状及病因[J]. 热带农业工程，43（3）：82-84.
叶永发，2010. 水稻锯齿叶矮缩病的症状表现[J]. 福建农业科技（2）：47.
余乃通，刘志昕，2011. 香蕉束顶病毒研究新进展[J]. 微生物学通报，38（3）：396-404.
袁小菊，2020. 桃缩叶病发生原因和防治技术综述[J]. 新农业（14）：19.
张德明，2016. 黄瓜绿斑驳花叶病毒病防控技术[J]. 上海蔬菜（4）：30.
张贺，韦运谢，漆艳香，等，2015. 海南省芒果畸形病的发现与鉴定[J]. 热带作物学报，36（7）：1302-1306.
张焕洪，黄光环，2011. 南方水稻黑条矮缩病和锯齿叶矮缩病的发生与防控[J]. 福建农业（7）：23，22.
张令宏，胡美姣，郑服丛，2008. 香蕉Moko病的发生及防治[J]. 中国热带农业（4）：44-46.
张朴之，崔洪瑶，许雪晨，2019. 番茄斑萎病毒研究进展[J]. 农业技术与装备（9）：27，33.
张前荣，李大忠，朱海生，等，2017. 番茄黄化曲叶病毒研究进展[J]. 分子植物育种，15（9）：3709-3716.
张荣萍，陈理，周鹏，2007. 番木瓜环斑病毒病综合防治[J]. 热带农业科学（5）：42-45.
张荣胜，陈志谊，刘永锋，2014. 水稻细菌性条斑病研究进展[J]. 江苏农业学报，30（4）：901-908.
张彤，周国辉，2017. 南方水稻黑条矮缩病研究进展[J]. 植物保护学报，44（6）：896-904.
张兴旺，高国龙，姜子健，等，2022. 新疆朱槿曲叶病病原鉴定及烟粉虱带毒率检测[J]. 石河子大学学报（自然科学版），40（3）：306-311.
张燕梅，赵艳龙，周文钊，2016. 剑麻斑马纹病研究进展[J]. 热带作物学报，37（8）：1627-1633.
赵德祥，田艳，李果，2013. 桉树常见病害及其防治[J]. 现代园艺（20）：84-85.
赵晓英，王茹琳，2018. 柑橘溃疡病识别及综合防控技术[J]. 四川农业科技（11）：28-29.
赵艳龙，李俊峰，姚全胜，等，2020. 剑麻3种主要病害研究进展及其展望[J]. 热带农业科学，40（1）：72-82.
翟喜瑞，2017. 简析水稻干尖线虫病的发生和防治[J]. 农民致富之友（23）：152.
曾海娟，吴淑燕，邱实，等，2016. 瓜类果斑病菌的检测与防治进展[J]. 微生物学杂志，36（1）：100-105.
曾小荣，郑刚辉，2011. 木薯主要病虫害的发生及防治[J]. 现代农业科技（18）：200，205.
周春娜，李小妮，吴仕豪，等，2008. 香蕉穿孔线虫防控技术措施[J]. 中国植物病理学会2008年学术年会论文集：480-481.
周春娜，徐春玲，黄德超，2015. 香蕉穿孔线虫防治研究进展[J]. 中国热带农业（6）：31-34.
周国有，谢辉，原国辉，2008. 香蕉穿孔线虫的发生危害及其防疫控制[J]. 河南农业科学（7）：78-80.
周红珍，张志勇，彭辉，2013. 黄瓜绿斑驳花叶病毒病的发生症状及防控措施[J]. 现代农业科技（18）：138，140.
周仲驹，林奇英，谢联辉，等，1996. 香蕉束顶病毒株系的研究[J]. 植物病理学报（1）：65-70.
邹林峰，涂丽琴，沈建国，等，2020. 番茄褪绿病毒的进化动态与适应性进化特征[J]. 中国农业科学，53（23）：4791-4801.
邹盛华，2016. 议桉树青枯病发生规律与控制技术[J]. 农村科学实验（6）：39，41.
MARIN D H，SUTTON T B，BARKER K R，1998. Dissemination of Bananas in Latin America and the Caribbean and Its Relationship to the Occurrence of *Radophouls similis*[J]. Plant disease，82（9）：964-974.